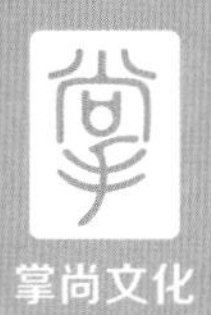

掌尚文化

Culture is Future

尚文化・掌天下

山西省一流专业建设（经济学）、山西师范大学研究生双语课程建设项目（YJSSY201805）和国家重点研发计划（2016YFC0503703）联合资助

Study on Adoption of Soil and Water Conservation Technology in Loess Plateau

—Base on the Perspective of Farmers' Resource Endowment

刘丽

黄土高原水土保持技术采用研究

——基于农户资源禀赋视角

经济管理出版社
ECONOMY & MANAGEMENT PUBLISHING HOUSE

图书在版编目（CIP）数据

黄土高原水土保持技术采用研究：基于农户资源禀赋视角/刘丽著 .—北京：经济管理出版社，2022. 11

ISBN 978-7-5096-8809-0

Ⅰ. ①黄…　Ⅱ. ①刘…　Ⅲ. ①黄土高原—水土保持—研究　Ⅳ. ①S157

中国版本图书馆 CIP 数据核字(2022)第 215059 号

组稿编辑：张　昕
责任编辑：张　昕
助理编辑：姜玉满
责任印制：黄章平
责任校对：董杉珊

出版发行：经济管理出版社
（北京市海淀区北蜂窝 8 号中雅大厦 A 座 11 层　100038）
网　　址：www. E-mp. com. cn
电　　话：(010) 51915602
印　　刷：唐山昊达印刷有限公司
经　　销：新华书店
开　　本：720mm×1000mm/16
印　　张：12. 25
字　　数：203 千字
版　　次：2023 年 1 月第 1 版　　2023 年 1 月第 1 次印刷
书　　号：ISBN 978-7-5096-8809-0
定　　价：98. 00 元

序　言

黄土高原是中华民族的重要发祥地，在中国历史上相当长的一段时间内，这里植被覆盖度高、生态环境条件优越，古人用“山林川谷美，天材之利多”来描述黄河流域一带的自然风物，《资治通鉴》中也记载了盛唐时期陕甘地区“闾阎相望、桑麻翳野，天下称富庶者无如陇右”。然而，经过上千年人类社会的农耕开垦利用，特别是明清以来的滥垦、滥牧、战乱，黄土高原自然森林和草原植被几乎被破坏殆尽，生态环境遭到了严重破坏。缺少植被保护的土地极易造成水土流失并最终形成沟壑纵横，我生活在黄土高原，曾经数次访问山西省西部各县，眼见被雨水冲刷后形成的千沟万壑，一方面深深慨叹大自然的鬼斧神工，另一方面也痛心水土流失对当地产生的影响。水土流失使土地资源变得十分贫瘠，粮食产量越来越低，形成了“越垦越穷、越穷越垦”的恶性循环，水土流失问题已成为黄土高原区域经济健康发展的重要制约因素。

中华人民共和国成立后，黄土高原水土流失控制和治理受到党和国家的高度关注。20 世纪 50~70 年代，国家主要开展了植树造林、梯田和淤地坝建设工程；80~90 年代主要开展了小流域治理和“三北”防护林建设；2000 年以来重点开展退耕还林（草）工程、坡耕地整治和治沟造地工程；2016 年黄土高原作为国家第一批山水林田湖生态保护修复工程试点，统筹山水林田湖草沙系统治理工作，并结合乡村振兴和生态文明建设，黄土高原水土流失治理工作进入了新的阶段。然而，从农户层面看，受到传统耕作习惯和自然、经济、社会多方面因素的影响，农户对水土保持技术的认知水平仍然偏低、采用意愿不高，使用率也低，严重制约了国家工程的治理效果。因此，研究黄土高原地区农户水土保持技术认知、意愿、采用与效果，对于政府制度及实施有效的激励政策、促使农民在技术采用过程中注重农业发展和环境保护双重目标、加快传统农业生产方式的转变、实现农业黄土高原区域可持续发展和生态文明建设都具有重要的理论价值和实践意义。

刘丽博士的专著《黄土高原水土保持技术采用研究——基于农户资源禀赋视角》是在其博士学位论文的基础上修改而成的。刘丽老师在西北农林科技大学攻读博士学位期间，以黄土高原农户为研究对象，数次前往山西省汾阳市、吉县，陕西省安塞区、靖边县和甘肃省镇原县、泾川县实地调研，孜孜探求农户资源禀赋与水土保持技术认知、意愿、采用、效果之间错综复杂的关系，取得了丰硕的研究成果。我通读此书，觉得该书主题突出，论证翔实，是近年来从农户层面研究黄土高原水土流失的力作之一。

相比同类型的其他著作，我认为本书的创新之处在于以下几点：

（1）将农户资源禀赋纳入农户技术采用理论模型，揭示农业发展方式转变下的农户水土保持技术采用经济机理。本书一方面研究经济资源禀赋、自然资源禀赋和社会资源禀赋对农户行为的影响；另一方面根据农户资源禀赋特征对农户进行分类，探讨不同类型农户的技术采用差异。突破以往研究中仅将资源禀赋作为影响农户行为的因素限制，更好地展现了不同类型农户水土保持技术采用的差异。

（2）水土保持技术更多地涉及农业生产决策，农户可以根据其自身情况进行技术选择和采用。本书选择农户主动采用的三项水土保持技术（等高耕作、深松耕、秸秆还田）进行讨论。已有的对农户的水土保持技术采用研究中，往往将工程措施（治坡、治沟、治沙、水利工程）、生物措施（植树、种草）和耕作措施一并进行讨论，然而现实中水土保持工程措施和生物措施往往是政府进行投入（如修建谷坊、退耕还林等），农户只是被动参与其中，不能主动选择。本书分析农户水土保持技术的采用，更加符合技术采用理论。

（3）水土保持技术是由多项技术共同构成的技术体系，农户在采用时往往不是简单的是否采用的问题，还涉及如果采用水土保持技术，是采用的哪一项或哪几项技术。本书突破以往多数研究采用 0-1 变量分析技术采用决策的传统处理方法，利用 Heckman 样本选择模型来分析农户采用水土保持技术的决策，包含两个过程：一是农户是否采用水土保持技术；二是采用了哪几项技术，采用程度如何。其更符合现实中农户的技术采用行为，同时也为农技部门提供技术推广和培训依据。

总的来说，我相信本书的出版将有助于推动黄土高原水土流失和农户生计行为两个领域的交叉研究，希望作者能继续在黄土高原农户水土保持技术的认知、意愿、采用与效果等方面做出更加全面和深入的研究。

邰秀军

2021 年 5 月 3 日

前　言

黄土高原地区水土保持措施多种多样，包括人工造林种草、修筑梯田、建设坝系、生态工程等。经过多年治理，黄土高原地区植被覆盖度明显改善，入黄泥沙量由20世纪的16亿吨减少到2018年的3亿多吨，生物多样性得以恢复。在已有的对农户的水土保持技术采用研究中，往往将工程措施（治坡、治沟、治沙、水利工程）、生物措施（植树、种草）和耕作措施一并讨论，但现实中水土保持工程措施和生物措施往往是政府进行投入（如修建谷坊、退耕还林等），农户参与；而耕作措施的实施中，农户是主体，可根据自身的意愿和需要进行选择，农户在利益机制的驱动下，做出技术选择和采用行为，政府主要负责技术推广服务。农户将水土保持技术应用于农业生产中，与传统耕作技术相比，显著减少了径流冲刷，改良了土壤、增加了农业产量。随着农村改革和劳动力市场的发展，农户在经济、资源和社会等方面的差异表现越来越突出，这些差异导致农户改变对土地依赖程度，进而影响农户对水土保持技术的采用。对于农户资源禀赋对水土保持技术采用的影响，学者更多关注的是工程措施和生物措施，农户资源禀赋对水土保持技术采用的影响机理如何，农户资源禀赋如何影响农户水土保持技术认知、技术采用意愿、技术采用决策（包括技术采用强度）、技术效果等动态技术采用过程中的不同方面，这些问题在国内外研究中还没有得到重视。解决以上问题是提高农户水土保持技术采用率、促进生态文明建设的关键。

本书通过对计划行为理论、公共物品理论、农户行为理论等进行梳理，推导农户水土保持技术采用的影响机理；基于 2019 年 1～3 月对山西、陕西和甘肃三省的 1237 份农户调查问卷数据，综合运用因子分析、熵值法、多元线性回归、Logit 模型、Heckman 样本选择模型、有序 Probit 模型等多种实证分析方法，从微观角度研究资源禀赋对农户水土保持技术的认知、采用意愿、采用决策及效果的影响，旨在把握农户水土保持技术的采用特征和影响因素。主要结论如下：

（1）在所调查的 1237 份样本中，农户对技术本身的认知水平较高，超过 70%的农户都听说过等高耕作、深松耕和秸秆还田技术，但农户对三项技术的便利性认知和技术风险认知水平不高，仅有 25.38%的农户愿意采用等高耕作技术；深松耕技术采用意愿最高，61.76%的农户愿意采用；56.35%的农户愿意采用秸秆还田技术。33.39%的农户没有采用任何一项水土保持技术；19.64%的农户采用了一种水土保持技术；32.09%的农户采用了两种水土保持技术；14.88%的农户采用了三种水土保持技术。农户对水土保持技术提高作物产量的评价中，在采用等高耕作技术的 248 户农户中，75%的农户认为技术效果好；在采用深松耕技术的 448 户农户中，74.11%的农户认为技术效果好；在采用秸秆还田技术的 567 户农户中，71.08%的农户认为技术效果好。农户对水土保持技术控制水土流失方面的评价中，在采用等高耕作技术的 248 户农户中，78.22%的农户认为技术效果好；在采用深松耕技术的 448 户农户中，85.05%的农户认为技术效果好；在采用秸秆还田技术的 567 户农户中，仅有 39.33%的农户认为技术效果好。

（2）构建衡量农户资源禀赋的指标体系，分别从资源禀赋水平和资源禀赋结构两个角度测度。资源禀赋水平中，经济资源禀赋主要是从农户收入来源和收入水平角度进行衡量，包括农户家庭总收入、非农收入占比和收入来源。自然资源禀赋主要是耕地规模和耕地质量，包括实际耕种面积、土地肥沃程度、耕地细碎化程度和灌溉条件。社会资源禀赋主要考察社会网络、社会信任、社会声望和社会参与等社会资本情况。资源禀赋结构方面，运用熵值法测度，将样本农户划分为经济占优型、自然占优型和社会占优型。经济占优型农户有 413 户，占总样本的 33.4%；自然占优型农户有 366 户，占总样本的 29.6%；社会占优型农户有 458 户，占总样本的 37.0%。

（3）资源禀赋对农户水土保持技术认知有显著的影响，家庭总收入和非农收入占比对等高耕作和深松耕技术认知有显著的负向影响，对秸秆还田技术认知有显著的正向影响；实际耕种面积对三项技术认知均有显著的正向影响；土地肥沃程度和灌溉条件对等高耕作和秸秆还田技术认知均有显著的正向影响；耕地细碎化程度对三项技术认知均有显著的负向影响；社会网络、社会信任、社会声望和社会参与对等高耕作和秸秆还田技术认知有正向影响。在等高耕作、深松耕和秸秆还田技术认知中，不同禀赋类型的农户存在明显差异。

（4）资源禀赋对农户水土保持技术采用意愿有显著的影响，家庭总收入和非农收入占比对深松耕技术采用意愿有显著的负向影响，对秸秆还田技术采用意愿有显著的正向影响；实际耕种面积对农户等高耕作和秸秆还田技术采用意愿有显著的正向影响，耕地细碎化程度对深松耕和秸秆还田技术采用意愿有显著的负向影响；灌溉条件对深松耕技术采用意愿有显著的正向影响；社会信任、社会声望和社会参与对深松耕和秸秆还田技术采用意愿有正向影响。技术认知在资源禀赋影响农户技术采用意愿中发挥中介效应：对于等高耕作技术，技术认知在实际耕种面积对技术采用意愿的影响中为部分中介；对于深松耕技术，技术认知在家庭总收入、非农收入占比和耕地细碎化程度影响技术采用意愿中为部分中介；对于秸秆还田技术，技术认知在家庭总收入、非农收入占比、实际耕种面积、耕地细碎化、社会信任、社会声望和社会参与影响技术采用意愿中为部分中介。不同资源禀赋类型的农户对水土保持技术的采用意愿有明显差异。

（5）资源禀赋对水土保持技术采用决策有直接的影响，家庭总收入、土地肥沃程度和灌溉条件对农户是否采用水土保持技术有正向影响；实际耕种面积对农户水土保持技术采用程度有显著的正向影响，耕地细碎化程度对农户是否采用水土保持技术有负向影响；社会网络、社会信任和社会参与对农户水土保持技术采用程度有显著的正向影响。技术采用意愿在资源禀赋影响农户技术采用决策中发挥中介效应。其中，在农户水土保持技术采用程度中，技术采用意愿在实际耕种面积和社会参与影响农户水土保持技术采用程度中是完全中介；技术采用意愿在社会网络和社会信任影响农户水土保持技术采用程度中是部分中介。在农户是否采用水土保持技术中，技术采用意愿在家庭总收入、土地肥沃程度、耕地细碎化程度和灌溉条件影响农户是否采用水土保持技术中发挥了部分中介作用。不同资源禀赋类型的农户对水土保持技术的采用决策有明显差异。

（6）资源禀赋对农户采用水土保持技术采用的生态效果有显著的影响：家庭总收入对农户采用等高耕作和深松耕技术的生态效果有显著的正向影响；非农收入占比对农户采用秸秆还田技术的生态效果有负向影响；实际耕种面积对农户采用等高耕作技术的生态效果有显著的正向影响；土地肥沃程度对农户采用深松耕技术的生态效果有显著的正向影响；耕地细碎化程度和灌溉条件对农户采用秸秆还田技术的生态效果有显著的负向影响；社会网络对农户采用等高耕作和秸秆还田技术的生态效果有显著的正向影响；社会信任、社会声望和社会参与对农户采用秸秆还田技术的生态效果有正向影响。不同资源禀赋类型的农户采用水土保持技术的生态效果有明显差异。

目　录

第一章　绪论

第一节　研究背景

一、水土流失问题依然严峻

大自然为人类提供了生存和发展的物质资源，为人类社会和经济发展提供了基础和条件。然而，自20世纪初期以来，自然生态环境遭到了严重的破坏，主要原因是人为的对大自然资源的过度开发和利用，造成了生态环境自我修复能力的下降。生态退化是生态环境破坏中的关键问题，是人类活动对生态系统结构的破坏，包括水土流失、草场退化、土壤沙化、盐碱化、湿地破坏、森林湖泊面积急剧减少、野生动植物和水生生物资源日益枯竭、生物多样性减少等。20世纪30年代北美的"黑风暴"事件，就是由于农业扩张，土地过度开垦，破坏了原本能够固土保水的天然草地，土地沙化严重，旱灾频发，加上缺乏必要的水土保持技术和措施，风暴的来临将表土卷起形成沙尘暴，给美国和加拿大的生态环境和农业生产带来了巨大的灾难。自此之后，生态环境问题受到全球关注，科学家开始探索人类与自然可持续的发展方式。

在诸多生态退化问题中，水土流失在全球生态环境破坏中表现最为突出。全世界总的水土流失面积高达1600万平方千米，有70%的国家和地区的耕地受到水土流失灾害的威胁。严重的水土流失导致地表土受到侵蚀，每年有

600多亿吨的土壤流失，流失的土壤进入了河流，最终被输送到海洋。我国是世界上水土流失最为严重的地区之一，目前我国水土流失面积高达273.69万平方千米，占国土面积的近1/3。黄土高原是我国乃至全球水土流失最严重的地区，57.46万平方千米的土地中，水土流失面积达21.37万平方千米，占总面积的37.19%（水利部，2018）。水土流失造成了黄土高原生态环境恶化，致使土地生产力水平低下，社会经济落后。国内外很多学者对黄土高原水土流失的原因、演变过程及发展趋势进行了研究，普遍认为黄土高原水土流失是由人类活动破坏了原有的植被造成的，该地区是我国生态退化最为严重的地区，需要重点进行生态建设。

二、我国重视水土流失的治理

我国从20世纪50年代起实施生态保护工程，同时对西北干旱区生态恢复、黄土高原水土流失综合治理、南方喀斯特区石漠化生态恢复等技术开展了机理与示范研究。水土流失治理受到了政府和科学界的高度重视（孙鸿烈，2011），一方面，国家加强水土流失治理的国际合作，投入大量的资金进行研究和实践；另一方面，通过修建基本农田（包括坡改梯）、营造水土保持林和经济果木林、种草、封禁治理、保土耕作等技术和措施加强治理（上官周平等，2008）。在实践中，形成了一系列的水土流失治理技术和措施，包括工程措施、生物措施和耕作措施（李占斌等，2008；孙鸿烈，2011）。党的十八大以来，生态文明建设问题受到广泛关注，中央和地方政府出台一系列政策和措施，推动生态文明建设的进展，水土流失治理被提升到前所未有的高度。党的十九大《决胜全面建成小康社会　夺取新时代中国特色社会主义伟大胜利》提出推进水土流失综合治理，将水土保持纳入“绿水青山就是金山银山”建设中。

黄土高原地区是我国乃至世界上水土流失最为严重的地区，水土流失问题制约了该地区的可持续发展（廖炜等，2015）。中华人民共和国成立以来，我国对水土流失的治理最早在黄土高原地区开展，截至目前，水土流失的治理形式多种多样，包括人工造林种草、修筑梯田、建设坝系等，一些重大工程如退耕还林还草实施中，黄土高原是重点区域。经过多年治理，黄土高原地区植被覆盖度明显改善，入黄泥沙量由 20 世纪的 16 亿吨减少到近年的 3 亿多吨（水利部，2018），生物多样性得以恢复，同时农民生产和生活水平提高，农村生态环境得以改善（Kassie et al.，2013）。

三、农户是水土流失治理中的主要参与者

从农户层面来看，作为基本的生产单元，是水土保持技术和措施的直接采用者和受益者。无论是工程措施中的治沟、治坡、排导蓄水技术，还是生物措施中的植树造林种草技术，以及 20 世纪末的退耕还林工程，政府是主要的投资和作用主体，农户参与其中。对于水土保持技术，农户将应用在农业生产中，与传统耕作技术相比，显著减少了径流冲刷，改良了土壤、增加了农业产量。中共中央、国务院印发的《乡村振兴战略规划（2018—2022 年）》中指出，要推进水土流失治理，要求尊重农民意愿，切实发挥农民主体作用，避免代替农民选择。因此，在“绿水青山就是金山银山”建设中，应用和推广水土保持技术和措施，成为治理水土流失的必然选择。

水土保持工程措施和生物措施多是政府投资、农户参与；在耕作措施的实施中，农户是主体，可根据自身的意愿和需要进行选择，政府主要负责技术推广服务，农户在利益机制的驱动下，做出技术选择和采用行为。我国从 20 世纪 60 年代引进水土保持技术，开始进行试验和示范，耕作技术能够改善土壤性质，提高土壤有机质含量和蓄水保墒能力，减少土壤风蚀和水蚀；增加野生动植物数量，改善空气质量等，兼具经济效益、生态效益和社会效益。但在我国广大农村地区，受到传统耕作习惯和自然、社会、经济等多方面因素的影响，农户对水土保持技术的认知水平低下，采用意愿不高，采用率较低（上官周平等，2008；Willy et al.，2014），使得技术推广和普及相对落后。因此，要大面积推广水土保持技术，发挥技术效果，需要对农户的技术采用行为进行研究。

第二节　研究目标

本书利用农户调查数据，在“技术认知—采用意愿—采用决策—效果分析”的研究框架下，深入探讨农户水土保持技术的采用行为，分析农户水土保持技术采用过程中的影响机理、影响因素、影响路径，以及如何通过政策激励农户采用水土保持技术，以达到控制水土流失、保护生态系统的目的。具体研究目标如下。

第一，农户采用水土保持技术已开始逐步向生态修复、环境友好、资源节约等可持续农业发展方式转变，以实现生态治理与农业可持续发展的双重目标。本书将资源禀赋纳入农户水土保持技术采用行为模型，考察农户技术采用行为的影响机理，提出一个基于过程的农户技术采用研究框架，为后续研究提供依据。

第二，利用黄土高原农户调研数据，分析农户资源禀赋的具体表现和特征，综合评估农户对水土保持技术的认知，并构建计量模型实证研究农户资源禀赋对水土保持技术认知的影响及不同类型农户的差异，并考虑其他影响因素的作用，以期为水土保持技术推广提供科学参考。

第三，在对农户技术采用意愿的现状和特征进行描述性统计与分析和对农户的技术采用意愿进行测量的基础上，应用 Logit 模型，研究资源禀赋对水土保持技术采用意愿的影响及不同类型农户的差异，并考虑技术认知的中介效应。

第四，在分析农户水土保持技术采用现状的基础上，利用 Heckman 样本选择模型，分析资源禀赋对农户水土保持技术采用决策的影响及不同类型农户的差异，并考虑技术采用意愿的中介效应。

第五，分析农户采用水土保持技术的效果，包括经济效果和生态效果。

经济效果方面，分析资源禀赋对农户采用水土保持技术对作物产量的影响及不同类型农户的差异；生态效果方面，分析资源禀赋对农户采用水土保持技术控制水土流失的影响及不同类型农户的差异。

第六，依据理论分析与实证研究的结论，结合黄土高原不同区域的自然、经济和社会差异，提出促进农户采用水土保持技术的对策建议，为政策制定提供参考。

第三节　国内外研究综述

一、农户技术采用研究

（一）国外与农户技术采用相关的研究

国外关于农户技术采用的研究最早出现在20世纪初，主要研究农业技术采用问题，是技术扩散领域的延伸。1923年，威斯勒从人类学视角出发，研究了美国印第安人引进的欧洲的玉米种植技术。人类学的研究方法是通过与被调查对象共同生活来获取研究依据，这是目前微观农户调查的最初来源。20世纪60年代之前的研究更多的是倾向于农业技术扩散，而且农业技术采用的研究更多的是在发达国家。20世纪60年代后，发展中国家在农业技术采用方面的研究取得了一定成效，研究成果逐步增多。20世纪70年代，对于农业技术采用的研究开始关注技术需求者，即农户的行为。1976年唐斯和摩尔提出在技术传播过程中，应该重视技术采用者认知。这一时期，随着生态环境问题的突出，技术采用已不仅限于提高产量增加收入的农业技术，生态环境保护技术也受到学者关注。20世纪80年代，随着小农发展与技术创新学派的兴起，农业技术采用领域围绕以小农为中心的研究成为焦点。1985年Feder对农户技术采用行为进行界定，确立了农户在农业技术采用过程中的主体地位。20世纪90年代后，伴随计量经济学研究方法的多样化，农户技术采用行为的研究由定性的机理研究转向定量的实证研究。

国外农户技术采用的研究主要涉及农户技术采用意愿、技术采用决策和技术采用效应评价三个方面，其中发文量最多的是农户技术采用决策及其影响因素的研究。

1. 农户技术采用意愿

Adesina 和 Zinnah（1993）使用塞拉利昂 124 个红树林沼泽稻农的调查数据，利用 Tobit 模型分析了农户水稻种植技术的采用意愿，发现农户对特定技术特征的感知显著影响着技术采纳意愿，一些个人特征，如年龄、性别、受教育程度等因素也对技术采用意愿有显著影响。Burnham 等（2015）通过对中国西北地区 13 个村庄的 37 个半结构化访谈和 56 个非结构化访谈的定性数据分析，考察了小农对节水灌溉技术的采用意愿，发现农民生计决策、现有的土地、水管理系统、土地所有权结构有显著的作用。Lalani 等（2016）利用 TPB 构建有效的模型来解释撒哈拉以南非洲地区农民使用保护性农业的意愿，其中农民的态度是意愿的最强预测因子，一些关键的认知驱动因素会影响农民的态度，包括增加产量、减少劳动力、改善土壤质量和减少杂草；主观规范（即来自被试的社会压力）和感知行为控制也显著影响农户的意愿；路径分析发现，参与农民田间学校的农户或其他组织的参与者（如储蓄小组、种子繁殖协会或一个特定的作物和牲畜协会）采用保护性农业的意愿更为强烈。Owusu 和 Abdulai（2019）探讨了马来西亚农民采用绿色施肥技术的社会心理因素、环境因素的创新属性及沟通渠道，结果发现在农民的行为意向、感知意识、态度、团体规范、感知行为控制、环境问题、农业法规、相对优势、兼容性等方面显著影响农民采用绿色施肥技术的意图。

2. 农户技术采用决策

农户技术采用决策研究中，对于影响因素的研究成果较多。可将影响因素进行归类，包括个人特征、家庭特征、土地、风险、政策因素等。

个人特征中，Sanginga 等（2007）调查了乌干达埃尔贡山国家公园缓冲地带的农户对农林复合经营的采用情况，认为影响农林复合技术采用的因素主要有户主年龄、性别、受教育程度、推广接触、家庭劳动力等。Ofuoku 等（2008）用西格玛法来确定在三角洲地区农户采用水产养殖技术的情况，发现受教育程度越高的渔民越倾向于采用多元养殖体系。Soltani 等（2014）认为有机农业采用中，早期采用者一般是年轻人，他们的环境态度和社会学习是重要决定因素。Wollni 和 Andersson（2014）探讨影响农民对有机农业态度的有效因素，相关分析显示，年龄与技术采用态度呈显著负相关，而教育和有机农业知识与态度呈显著正相关。Mutsvangwa-Sammie 等（2017）调查了津巴布韦西南部、Murehwa 和 Mutoko 小农对采用保护性农业技术的行为，用年龄、性别、受教育程度等来解释农民的技术采用决策。

家庭特征方面，Ofuoku 等（2008）对尼日利亚三角洲中部农业生态区农民采用综合虫害管理（IPM）的情况进行了评估，认为家庭劳动力数量和家庭成员的参与程度是影响技术使用的主要因素。Irshad 等（2011）研究了农民的社会经济特征与农林复合经营之间的关系，发现家庭规模越大，对树木的种植越有利；农民的收入支持了农林复合经营的发展。Darkwah 等（2019）评估了加纳特奇曼市 300 名玉米种植户的特征与采用九种水土保持措施的程度之间的关系，结果表明农户的家庭规模对措施的采用有积极的影响。

土地方面，John（2008）探讨了各种因素对斐济甘蔗种植户采取土壤保持措施的影响程度，研究表明，土地规模对土壤保持措施采用有正向影响，不同土地类型的农户采用的措施有明显差异。Prokopy 等（2008）回顾了 25 年来有关美国采用农业最佳管理措施（BMPs）的文献，发现农场规模与采用率相关，对最佳管理措施有积极的作用。Mabah 和 Oyekale（2012）以喀麦隆西部玉米推广技术包（种子改良品种、肥料、农药、单作）为例进行研究，结果表明，玉米土地面积的大小和土地使用权是决定农民采用技术方案的重要因素。Hayati 等（2014）收集了自伊朗胡泽斯坦省伊泽县的 178 名农民的数据，探讨影响农民采取土壤保持措施的因素，认为农场规模对农户的土壤保护措施采用有正向影响，地块数量对农户的土壤保护措施采用有负向影响。Kassie 等（2015）探讨了非洲东部和南部的小农采用多种可持续集约化措施（Sustainable Intensification Practices，SIPs）的决定，社会资本和网络会影响小样本点的采用。Azumah 等（2017）使用了从加纳北部农作物农民的横截面收集的原始数据和联立方程系统方法，分析农户采用气候变化应对和适应策略的情况，认为土地所有权对技术采用有显著的正向影响。Shinbrot 等（2019）对八个咖啡种植社区的土地所有者进行了 291 次调查，分析了墨西哥恰帕斯州小农采用适应气候变化策略的决定因素，研究表明自然资本、物理资本、社会资本是影响适应的关键因素。

风险方面，Wubeneh 和 Sanders（2006）通过对埃塞俄比亚蒂格雷小型自养农场采用抗 Striga① 高粱品种和无机肥料的情况进行分析，以确定影响农民采用决定的因素，研究表明农户降雨风险的感知是影响高粱新品种选择的主要因素。Zein 等（2010）使用久期分析（Duration Analysis，DA）来确定为什么农民采用有机耕作方法，以及什么因素影响采用时间，将农户风险偏好作为协变量纳入 DA 模型，发现不规避风险的农民更有可能采用有机农业。Watcharaanantapong 等（2014）采用多元截尾回归方法，对影响棉花生产中农户采用网格土壤采样、产量监测和遥感的因素进行了评价，认为采用技术的时机受到农民承担风险能力的影响，创新者通常比落后者更能承受风险。Barham 等（2014）研究了风险和歧义规避对采用新技术的影响，特别是转基因玉米和大豆种子，研究表明厌恶风险对采用转基因大豆的时间只有很小的影响，而不确定性厌恶对加速农民采用转基因玉米有很大的影响。Trujillo 等（2016）探讨了 164 名生猪养殖户采取可持续做法的根本动机，结果表明感知风险是可持续实践的障碍，但风险承受能力是经济奖励和采用之间关系的积极调节因素。Darkwah 等（2019）的研究表明病虫害风险感知与玉米农户

① Striga 是一种寄生性杂草。

水土保持措施数量呈显著负相关。Gao 等（2019）基于黄淮海平原实地调查数据的 366 家传统家庭和 364 家家庭农场，讨论了影响两种类型农民持续时间的因素，发现风险偏好显著降低了从意识到采用绿色控制技术的持续时间。

政策因素中，Cortignani 和 Severini（2011）利用扩展的 PMP-Rohm 和 Dabbert 方法分析了意大利灌溉地区灌溉技术采用不足的可能影响，认为补贴政策促使农民减少用水，采用赤字灌溉技术，提高经济效益。Xu 等（2014）采用有序 Probit 模型，对山东、吉林、新疆 3 省份 8 个城镇和 14 个村庄的农户进行了问卷调查，研究了农户采用改良的盐碱地农田耕作方法，结果表明土地所有制、国家制度、农业支持对三个地区农民土地利用具有不同的影响，由于土地所有制缺乏稳定性和整体性，个别家庭对有机肥的使用受到限制；由于地块的面积通常很小，分布稀疏，政府对有机肥料进行补贴不一定有助于推广有机肥料。Timprasert 等（2014）对泰国那空府（Nakhon）的 220 名菜农进行了访谈，调查决定他们采用或不采用 IPM 做法的因素，认为技术培训和推广服务对农户采用 IPM 技术有积极的促进作用，Azumah 等（2017）也得到了相同的结论。Pratt（2016）调查巴拉圭小农采用绿肥和覆盖作物技术的影响因素，发现对农民进行培训活动和技术援助（推广）对采取保护性农业措施有显著的正向影响。Bahinipati 和 Viswanathan（2019）评价了印度古吉拉特邦政府的政策激励（补贴和通电）对黑区[①]微灌扩散的影响，结果表明这些政策对微灌扩散有积极的影响，当经济利益和权力联系在一起，政策的激励能够提高技术采用率。Bitterman 等（2019）研究了艾奥瓦州东部的爱荷华—雪松河流域进行的农民适应气候变化措施的采用情况，认为财政约束和农作物保险的稳定效应，降低了农户自我报告的适应制度层面驱动因素变化的可能性。Mengistu 和 Assefa（2019）调查了埃塞俄比亚吉贝河上游农民流域管理实践的采用率和强度，结果显示推广服务、信贷服务、培训服务

① 黑区译自 dark zone，即无电地区。

与大多数实践的采用率和强度均呈显著正相关。建议政策制定者和规划人员需要考虑劳动力、知识和意识，以及流域干预技术的资本密集型性质，以便加大对流域干预技术的规划和实施力度。Liu 等（2019）利用中国湖北 1115 名稻农的随机样本，分析了技术培训对低碳管理实践的影响，特别是对采用土壤测试和配方施肥技术的影响，结果表明正规技术培训与稻农采用低碳技术之间存在显著正相关，平均处理效果为 0. 2078。

3. 农户技术采用效应评价

Ding 等（2011）分析了中国云南省农村地区农户采用改良旱稻技术的效果，结果表明采用这些技术的农民的收入比不采用这些技术的农民高出约 15%。Ali 和 Sharif（2011）利用倾向得分匹配研究了巴基斯坦农民采用不同的杂草管理方法的情况，结果表明采用综合杂草管理措施的农户产量更高，家庭收入更高，棉花净收益更高。Kleemann 和 Abdulai（2013）分析了农业生态实践中使用有机肥料、有机害虫和杂草控制、轮作、水土保持等措施对农业投资回报率的影响，证明了农业生态实践利用强度与投资回报之间存在正的非线性关系。Villano 等（2015）利用菲律宾 3164 个稻农家庭的横截面农场水平数据，衡量了现代水稻技术对农业生产率的影响，分析表明采用认证种子对水稻生产效率和纯收入具有显著的正向影响。Manda 等（2016）使用一个多项内生处理效应模型和来自 800 多户家庭和 3000 块土地的样本数据，来评估采用可持续农业项目（Sustainable Agriculture Programs，SAPs）对赞比亚农村地区玉米产量和家庭收入的影响，结果表明，采用 SAPs 的决定受农户和小区水平特征的驱动，采用 SAPs 的组合可以提高玉米产量和小农收入，单独采用改良玉米对玉米产量的影响更大，但由于无机肥料的高成本限制了采用改良玉米的盈利能力，家庭收入的增加更多地与玉米—豆科作物轮作和留渣等 SAPs 相关。Mwalupaso 等（2019）使用来自马里稻农的截面数据，分析了采用水稻集约化这一可持续的农业技术的效果，结果表明采纳者在技术上比非采纳者更有效率，采用水稻集约化措施的效率提高了 17%，而

生产浪费减少了4.8%。

（二）国内与农户技术采用相关的研究

我国学术界对农户技术采用的研究起步较晚，20世纪80年代中期，一些学者开始探索农户技术采用的定性研究，主要是从心理角度分析影响农户采用农业科技成果的因素，将农户进行分类探讨。最早的定量研究始于1995年，中国农业科学院农业经济研究所的朱希刚和赵绪福以云南省和贵州省的两个县的农户调查数据为基础，分别从影响农户技术采用的外部因素、内部因素和综合因素三个方面出发，建立Probit模型，探讨影响农户对新技术采用的关键因素及其作用结果。朱希刚和赵绪福的定量研究拉开了我国利用计量模型研究农户技术采用行为研究的序幕，自此之后，国内学者开始关注该领域的研究。

20世纪90年代，农户技术采用研究之初，对采用的技术没有进行明确细分，只是笼统地研究农户对农业技术的采用，具体是哪一项农业技术没有具体说明，唯一提及的具体技术就是IPM技术；从宏观层面和定性的研究依然是主流，主要还是从理论角度对农户技术采用进行分析。2000年开始，对农户技术采用的研究开始针对具体的技术领域，包括灌溉技术（韩洪云、赵连阁，2000；韩青、谭向勇，2004）、奶牛养殖技术（周圣坤等，2003）、抗虫棉技术（苏岳静等，2004）、可持续农业技术（赵丽丽，2006）等。2004年开始，对农户技术采用的影响因素研究开始兴起，最初关注的是外部因素的作用，韩青和谭向勇（2004）分析了水资源短缺程度、水价和政府扶持对粮食作物和经济作物灌溉技术选择的影响及差异。2004年，苏岳静等从农户内在因素，考察户主年龄、受教育水平、职业、性别、耕地面积、家庭收入等对农户抗虫棉技术选择行为的影响，并分析了技术采用对投入和产出的影响。王绪龙等（2008）分析了影响农户可持续技术采用意愿的因素，认为年龄、受教育程度、家中老人数量和信息来源等会影响农户技术采用意愿。王绪龙的研究将农户技术采用行为进行了细化，仅研究农户技术采用意愿，较以往的研究都是笼统地分析农户技术采用行为，没有将农户技术采用行为分解为技术认知、采用意愿和采用决策来说，是一种研究的深化。之后很多学者开始跟随，研究农户技术采用意愿（李冬梅等，2009；高辉灵等，2011），多采用二分类 Logistic 模型对影响农户技术采用意愿的因素进行研究。陈玉萍等（2009，2010）开启技术采用的效果研究的先河，认为改良陆稻技术采用对农户间的收入分配有显著影响，收入向技术采用户集中。直到 2011 年，对技术采用效果的研究都集中在经济效应（霍学喜等，2011），其他效应如社会效应和生态效应的研究仅有三篇论文：一是罗小娟等（2013）在讨论农户环境友好型技术采用行为的基础上，分析了技术采用的环境效应和经济效应；二是胡伦和陆迁（2018）分析了节水灌溉技术采用后的减贫效应，认为农户采用技术能够降低贫困发生率和农户脆弱性；三是耿宇宁等（2018）认为农户采用绿色防控技术具有显著的经济效应和环境效应。

2011 年后，农户技术采用研究成果迅速增加，对农户技术采用的研究主题和方向多样化趋势明显。满明俊等（2011）将技术推广作为影响农户技术采用的关键因素进行分析，虽然 20 世纪 90 年代末最初有学者研究了农业技术推广体系对技术采用的作用，但仅限于理论的分析。满明俊将技术推广引入微观农户技术采用的实证研究中，探讨了不同技术推广主体对农户技术采用率的影响。此后，学者对农户技术采用的影响因素的研究多数是选择核心的因素而不是笼统地进行研究，总体来看包括外部因素和内部因素两类。外部因素中，徐婵娟等（2018）研究了风险偏好对农户低碳农业技术采用的影响，认为风险厌恶程度高的农户低碳农业技术采用率较低，贺志武等（2018）、高扬和牛子恒（2019）、刘丽等（2020）也得到了类似的结论。郑旭媛等（2018）分析了技术属性在农业技术选择中的作用，认为农户在不同属性技术选择方面存在明显的区别。黄晓慧等（2019）、童洪志和刘伟（2018）、薛彩霞等（2018）、李曼等（2017）、乔丹等（2017）、乔金杰等（2016）等都研究了政府政策对农户技术采用的影响，政府政策包括政府宣

传、技术推广、技术培训、政府补贴等都不同程度地促进了农户技术采用。贾蕊和陆迁（2017）、王海（2018）研究了信贷对农户技术采用的影响，认为信贷期限、信贷额度和利率的约束明显抑制了农户技术采用。内部因素中，李曼等（2017）研究了农户认知对节水灌溉技术采用的影响，认为农户技术认知水平的提升能够提高技术采用率，黄晓慧等（2019）也得到了同样的结论。耿飙和罗良国（2018）分析了环保认知对农户采用环境友好型农业技术的影响，认为环保认知的提升能够促进技术的采用，类似的研究包括曹慧和赵凯（2019）、李子琳等（2019）和杨飞等（2019）。贺志武等（2018）、杨志海（2018）、乔丹等（2017）、郭格等（2017）、耿宇宁等（2017）、王格玲和陆迁（2015）都从不同角度研究了社会网络对农户技术采用的影响，认为社会网络规模越大、强度越高越能够影响农户技术采用。新艳等（2016）研究了土地规模对农户采用机械技术的影响，认为规模越大的农户越倾向于采用农业机械技术，一方面有利于规模化经营，另一方面能够带来收益的提高，江鑫等（2018）、耿飙和罗良国（2018）、冯燕和吴金芳（2018）、徐志刚等（2018）和刘丽等（2020）也有类似的研究。

国内技术采用的研究方法十分多样，除早期的 Logistic（或 Logit）模型、Probit 模型外，还包括试验经济学法（高扬、牛子恒，2019）、Agent 建模（童洪志、刘伟，2018）、SEM 模型（吴雪莲等，2016；刘丽等，2020）、Double-Hurdle 模型（储成兵，2015）、样本选择模型（李卫等，2017；黄晓慧等，2019；刘丽等，2020）。研究的技术主要集中在资源节约型与环境友好型技术，如循环农业技术、可持续生产技术、有机农业技术、保护性耕作技术、节水灌溉技术、亲环境技术、农业绿色防控技术、低碳农业技术、测土配方技术、清洁生产技术、畜禽废弃物利用技术、生态耕种技术等。

二、农户水土保持行为研究

（一）国外农户水土保持行为研究

国外农户水土保持行为的研究始于 20 世纪 80 年代，由于沙尘暴的危害，大量良田被沙土覆盖，农业生产受到严重的影响。

国外农户水土保持行为的研究始于20世纪90年代，1993年Camboni和Napier最早利用农户的调查数据，研究水土保持技术采用。迄今为止，农户水土保持行为的研究关注的主题主要有三个大的方面：一是关注农户水土保持技术投入（投资）或支付意愿；二是关注农户采用水土保持技术的效果或效应；三是关注影响农户采用水土保持技术的因素。

农户水土保持投入或支付意愿方面，Yusuf等（2017）评估了尼日利亚塔拉巴州北部农民对土壤侵蚀的感知如何影响他们在水土保持方面的投资，结果发现水蚀意识与治理投资之间仅存在极微弱的相关关系。Teshome等（2016）研究了埃塞俄比亚西北高地的农户的社会资本与水土保持投资之间的关系，研究表明大多数农民倾向于大规模动员的方式（体现社会资本）来实施水土保持实践，社会资本的不同维度对持续土地管理实践投资的影响是不同的。Gulati和Rai（2016）探讨了农户对水土保持措施的支付意愿，总收入、非农收入和以往的灌溉耕作经验对农户的先进支付意愿有较强的正向影响，而农户的投劳意愿受年龄、资格、抚养比、市场准入、牲畜持有量等因素的影响较强。

采用水土保持技术的效果或效应方面，Kassie等（2008）使用来自900多户家庭的横断面数据，研究了在埃塞俄比亚高原农户采用水土保持措施的效应，包括提高土地生产率、提高劳动生产率、提高产量、获得利润、缓解干旱等。

影响农户水土保持技术采用因素的研究较多，Sklenicka等（2015）探讨土地所有者是否比土地租赁者采取更有效的水土保护措施，结果发现土地所有权保障是激励农民采用可持续土地管理实践的一个基本因素。Matous（2015）利用2011年和2012年埃塞俄比亚265位农民的社会学习网络数据和随机行为导向模型解释了网络演化与水土保持措施采用的关系，认为在同一个社会群体中，农民对信息交换的偏好支持了在不断发展的学习网络中创建

交互的、集群的、非层次结构，有助于堆肥措施的扩散。Nahayo 等（2016）研究了海地中部小农对水土保持措施的利用情况，认为土壤质量、市场准入和住户健康状况方面与水土保持技术采用率正相关。Roco 等（2012）调查了智利中部雨养区 Pencahue 和 Curepfo 90 名小规模农民中影响采用土壤保持技术（梯田和渗透沟）的人口变量，结果表明，培训活动的参与、农场规模、人工林的存在和堆肥的使用对土壤保持技术的采用有显著的正向影响。Alphonse 等（2016）研究了卢旺达高地农户水土保持行为，实际培训不足制约了农户技术采用；继承或购买土地的农民采用水土保持技术的可能性是借来或租来的农民的 1.55 倍，拥有长期使用权的农民更有可能投资于持久的技术；征地方式对水土保持技术的采用有显著的正向影响。Wildemeersch 等（2015）为了确定和量化尼日尔蒂拉贝里地区限制农户采用水土措施的因素，进行了 100 个家庭调查，探索农民的侵蚀感知、水土保持技术知识和资源可用性的影响，结果发现肥料短缺和缺乏具体的侵蚀知识限制了技术的应用。Karidjo 等（2018）研究了在尼日尔中部半干旱地区凯塔河谷影响农户采用水土保持技术的社会经济因素，发现户主的性别、年龄、家庭内部的收入变化、涉及非农收入的小手艺、当地机构提供的培训、信贷的使用、对土地及其资源的完全所有权对技术采用有显著的影响。

研究方法方面，农户水土保持技术投入或支付意愿研究主要采用的方法，包括 Logit 模型、条件价值法（CVM）、WTA、WTP；水土保持效果或效应的研究方法，主要有随机效应模型、倾向得分匹配和最小二乘法；水土保持技术采用的研究方法，主要有 Logit 模型、Tobit 模型、Probit 模型、结构方程模型和双栏模型。涉及的具体水土保持技术包括梯田（Dessie et al.，2012；Roco et al.，2012）、等高耕作（Liu et al.，2021）、植物篱（Dalton et al.，2011）、少免耕、休耕、轮作、覆盖耕作、农林复合经营（Wang et al.，2013；Saint-Macary et al.，2010）。

（二）国内与农户水土保持行为相关的研究

我国对农户水土保持行为的研究起于1992年，陈新发和朱大容介绍了广东省紫金县敬梓镇农户参与水土流失治理的情况，开始实施退耕还林及补偿政策。这一时期还没有形成具体的理论和研究方法，仅停留在介绍农户参与水土保持的现状介绍阶段。1999年我国在四川、山西、甘肃实施退耕还林试点，农户广泛参与其中，此后学者们开始关注农户水土保持。杨海娟等（2001）选择黄土高原不同县域三个村的农户进行调查，利用案例分析法研究了农户对水土流失的认识、对水土保持措施的认知、对退耕还林的态度、对以粮代赈和各项制度的态度等。杨海娟等的研究是我国农户水土保持研究的开端，自此之后，国内学者开始关注该领域的研究。

2003年以前，农户水土保持的研究数量非常少，且变化不大。自2004年起，农户水土保持的研究论文数量激增，2005~2007年为农户水土保持研究的热点年份，主要是退耕还林实施后几年，国家对退耕还林实施效果十分关注，设立了很多基金项目支持学者在该领域的研究。热潮消退后，随着国家实施第二轮退耕还林政策，2012~2014年，农户水土保持研究再次掀起热潮。近年来，随着生态文明建设的兴起，农户水土保持的研究又逐步受到关注。

1999年，退耕还林工程实施，学术界开始关注农户参与退耕还林的行为。沈茂英（2000）分析了退耕还林中农户的自我发展问题，主要是在研究退耕还林实施现状的基础上，从宏观的角度分析农户如何抓住退耕还林机遇，实现自我能力的发展。羊绍武和黄金辉（2000）分析了实施退耕还林与农户利益之间的矛盾，提出利用国家补偿、区域补偿、产权补偿和生态移民补偿来缓解矛盾。从微观角度出发研究农户水土保持始于2001年，杨海娟等（2001）选择黄土高原不同县域三个村的农户进行调查，利用案例分析法研究了农户对水土流失的认识、对水土保持措施的认知、对退耕还林的态度、对以粮代赈和各项制度的态度等。温仲明等（2002）采用案例研究，分析了农户参与退耕还林后对其经济的影响。自此之后，从微观角度分析农户水土保持行为成为主流，而且研究的主题不仅仅限于农户参与退耕还林工程，还涉及其他水土保持技术的采用。南京大学城市与资源学系的黄贤金教授的团队（2004）利用农户调查问卷，分析了农户水土保持行为与其影响因素之间的相关关系，并构建了决策模型实证分析农户水土保持投资行为。黄贤金教授的团队突破了原有的案例分析的研究方法，利用大样本农户调查问卷并结合计量分析，研究农户水土保持行为机理（翟文侠、黄贤金，2005）、投资机理（于术桐等，2007；马鹏红等，2004）、影响因素、决策模型（钟太洋等，2005）及响应行为（翟文侠、黄贤金，2005，2004）等。

随着退耕还林的实施时间增长，2006 年对退耕还林中农户行为的研究又开始成为热点领域，关注的焦点主要是参与退耕还林给农户带来的影响。虎陈霞等（2006）利用安塞区统计数据和农户调查问卷，分析了退耕还林对农户经济发展的影响，发现退耕还林后农村第一产业由传统粮食种植业转向经济林果蔬菜种植和畜牧业，第二产业和第三产业所占比重增加，农村经济结构日趋合理。易福金和陈志颖（2006）分析了退耕还林对非农就业的影响，发现退耕还林后农村外出务工人数没有明显变化，但非农收入持续增加。李卫忠等（2007）利用陕西省吴起县的农户调查数据，分析了退耕还林对农户经济的影响，结果表明退耕还林工程增加了农户收入，带来了农户产业结构调整，促进了区域经济发展。陶燕格等（2006）、王兵和侯军岐（2007）、田国英和陈亮（2007）也得到了同样的结论。张晓蕾和姚顺波（2008）研究了陕西省吴起县农户参与退耕还林前后的消费结构，发现退耕还林后农户收入差距拉大，生活必需品的支出比重依然较大，农村社会保障体系不健全问题突出。王博文等（2009）与于金娜和姚顺波（2009）都研究了退耕还林对农户生产效率的影响，结果发现退耕还林后农户的纯规模效率下降，纯技术效率提高，总体效率变化不大。李树苗和梁义成（2010）、谢旭轩等（2010）研究了退耕还林对农户生计的影响，认为退耕还林对农户生计的作用并不显著。

2010年后，农户水土保持行为研究的关注主题越来越多样化，除前期研究的退耕还林对农户的影响外（刘璐璐，2018；刘璞、姚顺波，2015；朱长宁，2015；黎洁等，2014；黄丹晨等，2013），陈珂等（2011）利用辽宁省的农户数据研究了退耕还林后农户参与后续产业的影响因素，结果发现农户后续产业参与不足，主要受地块特征和受教育程度的限制。郭慧敏和乔颖丽（2012）也做了类似的研究，认为后续产业收益的预期影响了农户的参与意愿。刘会静和王继军（2014）认为地块特征在农户参与后续产业中起决定作用，家庭特征通过影响地块特征进而影响后续产业参与决策。任林静和黎洁（2013，2017）对退耕补贴期结束后农户是否会复耕进行了研究，结果表明，家庭粮食安全情况、农户年龄、退耕地特征等对农户的复耕意愿有显著的影响。刘燕和董耀（2014）对农户参与退耕还林的意愿进行研究，结果发现林木及土地产权对农户参与意愿有正向影响，家庭种植为主的参与意愿较低。类似的研究还有徐建英等（2017）。韩洪云和喻永红（2014b）利用选择实验法，在综合考虑退耕成本、意愿和环境贡献的基础上，估算了退耕还林的补偿水平，并与现有的补偿标准进行对比，发现现有的补贴不足。李国平和石涵予（2015）利用2002~2013年不同地区的统计数据，估算了农户的损益，并在此基础上确定了退耕还林的生态补偿标准测算方法。类似的研究还有楚宗岭等（2019）、皮泓漪等（2018）、王一超等（2017）。除退耕还林外，农户采用其他水土保持措施的研究中，丁士军等（2012）对农户参与世界银行水土保持项目的满意度进行了研究，发现农户对能源改造项目、道路项目、养殖项目的满意度较高，对封禁治理的满意度评价较低。黄丹晨等（2013）利用西南八个县的农户调查数据，分析了农户对水土保持措施的满意度，认为家庭规模、户主年龄、经费支持和项目参与对农户满意度有显著的正向影响。廖炜等（2015）利用鄂西地区农户调查数据，从农户个人特征、家庭特征、认知情况和外部条件出发，分析了影响农户参与水土保持行为的因素，认为农户受教育水平和政府水土保持工程建设对农户参与有促进作用。李玉贝等（2018）研究了社会网络对农户水土保持技术支付意愿的影响，发现农户异质性关于对意愿的作用高于同质性关系。黄晓慧等（2019）和张慧利等（2019）从不同角度探讨了影响农户水土保持技术采用行为的因素。

三、农户资源禀赋研究

（一）国外农户资源禀赋研究

Bourdieu（1986）最早将资源禀赋定义为一组可供个体使用的资源和权利，个体拥有的资源状况会影响其行为决策，个人根据自己掌握的资源做出合理的行动。国外对资源禀赋影响农户行为的研究主要从两个方面进行：一是研究农户资源禀赋水平对行为的影响；二是按照资源禀赋数量将农户划分为不同类型，探讨不同类型农户的行为差异。

资源禀赋水平对农户行为影响方面，Wang 等（2013）研究了陕西省汉中朱鹭国家级自然保护区附近的农户的环境保护态度和行为，用 SEM 来确定保护态度、生产行为、资源禀赋和家庭财富之间的耦合关系。结果发现资源禀赋（水田面积、旱地面积、经济林面积）对环境保护态度的影响为负，对生产经营行为的影响也为负。Swagat 等（2017）采用问卷调查、参与式农村评估（PRA）、关键信息访谈和焦点小组讨论等方法，对印度西孟加拉邦帕尔加纳斯南部 24 区的巨型河对虾的生产现状进行了评估，结果发现资源禀赋，如池塘大小、水的获取、对虾养殖的投资能力，直接影响投入强度和管理实践，并与系统的生产力有因果关系。Kebebe 等（2017）基于农民的资源所有权，对埃塞俄比亚和肯尼亚的乳制品技术采用者和非采用者进行了特征描述，以确定为什么埃塞俄比亚和肯尼亚的许多农民没有采用改进的乳制品技术，与不采用乳制品技术的农户相比，采用乳制品技术的农户拥有相对较多的农业资源。结果表明，资源禀赋的差异可能导致技术采用情况的差异，更多的积极的劳动力、抚养比率、农场规模、牲畜饲养数量和信贷可得性将会对采用乳制品技术的决策产生积极的影响。Franke 等（2016）评估了土壤肥力特征、作物管理和社会经济因素、农户家庭资源禀赋和性别、作物产量对卢旺达北部基肥反应之间相互作用的影响。认为贫穷的家庭比富裕的家庭获得更低的产量，家庭资源禀赋（土地规模、牲畜数量、农场剩余、非农收入）在一系列农艺和作物管理决定农作物产量中发挥中介作用。Asayehegn 等（2017）探讨了农场规模、非农收入、农场收入、牲畜数量、市场距离等资源禀赋约束对农户适应气候变化选择的影响。

不同资源禀赋类型农户行为差异方面，Soule 和 Shepherd（2000）按照资源禀赋包括农场大小、牛的数量等将农户分为高资源、中资源和低资源家庭三种类型，揭示了土壤肥力补充的影响取决于初始土壤条件和农民的资源禀赋水平。Mtambanengwe 和 Mapfumo（2005）在津巴布韦三个农业生态地区的 120 个农田现场进行了一项研究，以确定影响田间/农田土壤肥力梯度形成的管理因素，将农户按照资源禀赋（住房类型、农具数量、牲畜数量、耕地规模、参加培训、雇佣劳动、信贷可得性）分为资源禀赋型、中间型和资源约束型三类。结果发现资源丰富的农民土地有机碳含量比那些资源有限的农民土地有机碳含量高 16%~28%，这表明了有机物质管理存在差异。Nyamangara 等（2011）研究了在半干旱条件下，小农资源禀赋和土壤养分管理策略对土壤肥力梯度下植物养分吸收和生长的影响，以田地数量作为资源禀赋指标将农户划分为资源富裕户和资源贫困户。研究表明，富裕农户玉米穗轴氮和磷的吸收高于贫困农户，土壤肥力随农户资源禀赋的不同而存在显著差异。Chikowo 等（2014）回顾了以三个国家（肯尼亚、马拉维和津巴布韦）为重点的小农农场类型的主要文献，以获得关于作物生产集约化机会的见解，以及发展农场特有的营养管理实践的重要性。认为资源（农场规模、牲畜数量、玉米产量、化肥使用量）丰富的农民随时可以获得大量肥料和矿物肥料，这有助于提高他们农场的土壤肥力和作物生产力。资源有限的家庭很少或不使用粪肥和矿物肥料，也没有能力投资于需要劳动力的土壤肥力管理技术。这些农民常常不得不依靠非农机会获得收入，而这些收入在很大程度上被限制在向资源丰富的邻国出售非技术劳动力。Kuivanen 等（2016）将农户按照家庭规模、劳动力、土地使用、牲畜和收入等资源禀赋进行了类型划分，解释了农业系统之间的结构和功能差异。研究发现，生计策略反映了农户的显著特征，贫困人口被限制在“生存战略”中，而富裕人口则自由地追求“发展战略”。Paresys 等（2018）按照资源禀赋水平（土地数量、家庭劳动、用于购买化学投入品和雇用劳动力的现金）以及资源使用策略（包括家庭田地和个人田地以及高地与湿地之间的资源分配），划分农户类型，研究资源禀赋对农户湿地利用的影响，发现在湿地中，劳动力是驱动扩大湿地种植面积的主要因素，农场类型中家庭和个体田间分工策略的差异反映了粮食和现金分工策略的差异。Shukla 等（2019）分析了北阿坎德邦的喜马拉雅山脉西部农民类型如何感知气候变化过程及其对当地不同农业社区的影响，按照资源禀赋（包括土地数量、灌溉比例、家庭规模、教育水平、种姓、参与培训次数、牲畜数量和非农收入）将农户分为五种类型，发现气候风险对家庭粮食安全和收入的影响在资源禀赋较低的自给型农户中显著增强，而无地型农户对社区社会关系的影响较为明显。

（二）国内农户资源禀赋研究

国内对农户资源禀赋的研究中，方松海和孔祥智（2005）最早突破以往研究将农户影响因素全面考虑的方面，专门讨论农户禀赋对陕西、宁夏、四川三省区的保护地生产技术采纳的影响。农户禀赋包括个人禀赋和家庭禀赋两个方面。其中，个人禀赋主要包括年龄、受教育程度、经历、心理特征、社会网络和信息来源；家庭禀赋包括家庭经济状况、地理位置、经济技术环境和社会环境。方松海和孔祥智的研究较以往的农户技术采用研究前进了一大步，个人禀赋主要是考察农户内部因素，家庭禀赋中地理位置、经济技术环境和社会环境属于外部因素。顾俊等（2007）分析了家庭因素对农户技术采用的影响，其中家庭因素类似于方松海和孔祥智的农户禀赋，只考察户主年龄和受教育程度、家庭水稻种植面积和家庭人口对农户水稻生产新技术采用的影响。杨婷和靳小怡（2015）研究了资源禀赋对农民工土地处置意愿的影响，认为资源禀赋包括个人资源禀赋和家庭资源禀赋，其中个人资源禀赋包括受教育程度、职业状况和收入水平；家庭资源禀赋包括农村住房结构、城市住房状况、土地拥有情况和家庭收入。刘克春和苏为华（2006）的研究与此类似。刘滨等（2014）沿用方松海和孔祥智的研究中将农户资源禀赋分为内部资源禀赋和外部资源禀赋，研究了农户补贴对不同资源禀赋的农户种粮决策的影响，认为农户的资源禀赋包括区位禀赋、能力禀赋、经济资源禀赋、社会资源禀赋和耕地资源禀赋。孔祥利和陈新旺（2018）也从内部资源禀赋和外部资源禀赋角度研究了资源禀赋差异对农民工返乡创业的影响，其中内部资源禀赋包括人力资本、经济资本、社会资本和内在动机；外部资源禀赋包括基础设施、自然地理、人文环境和政策制度。陈茜等（2019）研究了禀赋异质性对农户风险偏好的影响，从个体资源禀赋、家庭资源禀赋、林地资源禀赋和政策禀赋角度对资源禀赋进行测度。

一些学者将农户资源禀赋分为人力资本禀赋、自然资本禀赋、经济资本禀赋和社会资本禀赋。丰军辉等（2014）利用湖北省的农户数据，探究了家庭禀赋对作物秸秆能源化需求的影响，其中家庭禀赋包括人力资本禀赋、经济资本禀赋、自然资本禀赋和社会资本禀赋，结果发现家庭禀赋对农户需求有显著的正向作用，且自然资本禀赋需要其他禀赋的中介才能更好地发挥效应。张郁等（2017）研究了家庭资源禀赋对养殖户环境行为的影响，并考虑了生态补偿政策的调节作用，其中家庭资源禀赋包括人力资本禀赋、经济资本禀赋、社会资本禀赋和自然资本禀赋，结果发现人力资本禀赋中的受教育程度、健康状况和参与培训的次数对环境行为有正向影响，社会资本禀赋中加入合作社对环境行为有正向影响，经济资本禀赋中，养殖规模对环境行为有正向影响。类似的研究还包括聂伟和王小璐（2014）、丁琳琳和吴群（2015）、严予若等（2016）、李萍和王军（2018）、李楠楠和周宏（2019）、廖沛玲等（2019）与刘丽等（2020）。

基于可持续生计资本框架的基础，研究农户资源禀赋对行为的影响。朱兰兰和蔡银莺（2016）分析了农户禀赋对农地流转的影响，构建农户家庭生计禀赋衡量体系，包括人力资产、自然资产、社会资产、物质资产和金融资产都对农户的行为有显著的影响。谢晋和蔡银莺（2017）研究了农户禀赋对其参与农田保护成效的影响，对农户禀赋的测度是从生计资本角度进行的，包括人力资本禀赋、自然资本禀赋、物质资本禀赋、金融资本禀赋和社会资本禀赋。类似的研究还包括张朝华（2018）、梁凡和朱玉春（2018）、黄晓慧等（2019）与周升强和赵凯（2020）等。

从经济资本、文化资本和社会资本角度出发，研究农户资源禀赋对行为的影响。张翠娥等（2016）研究了经济资本、文化资本和社会资本对农户参与社会治理的影响，结果发现经济资本和文化资本对农户参与有积极的促进作用，社会资本中村干部和与村干部接触频繁的农户参与程度较高，而普通信任对农户参与社会治理有负向影响。李晓平等（2018）在研究资本禀赋对农户面源污染治理的受偿意愿的影响中，将农户资本禀赋从经济资本、文化资本和社会资本三个方面测度，认为经济资本对农户受偿意愿有显著的正向影响，文化资本中参加培训的次数对受偿意愿有显著的正向影响，社会资本中亲戚朋友信任程度对受偿意愿有显著的负向影响，借钱人数对受偿意愿有显著的正向影响。此外，还包括谢先雄等（2018）的研究。

四、研究述评

国内外学者对农户技术采用、农户水土保持行为和农户资源禀赋进行了大量的研究工作，形成了丰硕的研究成果。这些研究成果为本书的研究提供了理论和参考，综观国内外研究现状，本书认为以下方面还需改进：

（1）国内外关于农户技术采用的研究，多数是将农户技术采用看作静态的研究，只关注农户采用过程中的某一方面，如采用意愿、采用决策、效果评价、支付意愿、投入意愿等。在现实农业技术采用中，农户的行为是一系列过程的集合，是一个动态的过程。农户首先对技术有主观的认知，了解技术的相关信息；然后，从心理角度会产生采用意愿（包括愿意采用和不愿意采用），无论是哪种采用意愿，在农户自身特征和外界因素影响下，农户会做出技术采用决策（采用还是不采用技术）；最后采用技术的农户会对技术的效应进行评价。在农户技术采用中，国内外都关注到了技术采用的影响因素，从多角度进行了论证，但没有考虑到这些因素对农户技术采用动态过程中的不同阶段的影响是有明显差异的。

（2）关于农户水土保持行为的研究，国内外学者主要关注农户水土保持技术投入（投资）或支付意愿、农户采用水土保持技术的效果或效应、影响农户采用水土保持技术的因素三个方面，涉及的技术包括工程措施（技术）、生物措施（技术）、耕作措施（技术）等，国内很多研究将三种措施一并进行讨论。现实中水土保持工程措施和生物措施往往是政府进行投入（如修建谷坊、退耕还林等），农户参与其中，农户不能主动选择。水土保持技术更多地涉及农业生产决策，农户可以根据其自身情况进行技术选择和采用。国内外研究中有很多关于农户水土保持技术采用的研究，但多数是讨论某一种技术。在现实中，农户采用的水土耕作技术往往不是一种，因此还涉及技术采用强度问题，这一点是目前研究比较缺乏的。

（3）国内外对农户资源禀赋的研究基本是从两方面考察：一是按照资源禀赋因素对农户进行分类，研究不同类型农户的行为差异；二是不划分农户类型，而是将资源禀赋水平作为影响农户行为的因素进行研究。很少将两者进行结合。

（4）国内外关于农户资源禀赋对技术采用的影响的研究，略有涉及。但农户资源禀赋对水土保持技术采用的影响，国内学者更多关注工程措施和植物措施。农户资源禀赋对水土保持技术采用的影响机理如何？农户资源禀赋如何影响农户水土保持技术认知、技术采用意愿、技术采用决策（包括技术采用强度）、技术效果等动态技术采用过程中的不同方面，在国内外研究中还没有得到重视。

基于此，在国内外相关研究的基础上，从农户资源禀赋出发，考察其对农户水土保持技术动态采用过程中不同阶段的影响，探索农户资源禀赋对水土保持技术的作用机理，旨在为提高农户水土保持技术采用提供政策建议。

第四节　研究思路与研究方法

一、研究思路

在相关理论的指导下，按照提出问题（如何促进农户采用水土保持技术）、分析问题（探讨农户水土保持技术采用的影响机理、了解农户水土保持技术应用现状、分析农户对水土保持技术认知、采用意愿、采用决策及效果）、解决问题（如何激励）的思路展开研究。

在借鉴前人研究成果的基础上，以黄土高原农户为研究对象，在分析农户水土保持技术采用影响机理的基础上，建立了基于过程的“技术认知—采用意愿—采用决策—效果分析—政策建议”的研究框架。综合考虑农户资源禀赋（包括经济资源禀赋、自然资源禀赋和社会资源禀赋），探讨农户水土保持技术认知、意愿、采用决策和效果。在农户技术采用决策中，突破以往将技术采用定义为0-1变量，利用Heckman样本选择模型估计农户水土保持技术的采用决策。最后分析农户采用水土保持技术的效果，包括分析资源禀赋对作物产量的影响和资源禀赋对采用水土保持技术控制水土流失的影响，最终为后续政策激励奠定基础。

二、研究方法

本书属于理论与实证相结合的研究，在理论上分析水土保持技术采用的影响机理，将水土保持技术采用的过程划分为“技术认知→采用意愿→采用决策→效果分析”，并构建理论分析框架和模型，而后采用不同方法在实证上对提出的研究假设进行验证。具体方法安排如下：

1. 文献分析法

通过对国内外关于计划行为理论、公共产品理论、农户行为理论和可持续发展理论文献的整理，在参考相关概念和模型的基础上，界定了农户资源禀赋、水土保持耕作技术和农户技术采用的内涵，构建了资源禀赋的测度体系，讨论资源禀赋对农户水土保持技术采用行为效果的影响。

2. 量表得分法

借鉴国内外学者的研究成果，拟采用李克特五点量表得分法对农户的水土保持技术认知程度和采用水土保持技术的经济和生态效果进行测度，量表赋值区间为1~5分；拟采用二分类0-1变量对农户水土保持技术意愿进行测度。

3. 因子分析法

为消除社会资源禀赋中各变量之间可能存在的多重共线性问题，采用因子分析法对社会资源禀赋中的变量进行处理和测度。因子分析法是将具有复杂的关系的多个变量进行分类，将紧密相关的变量归为一列，提取公因子，进行降维。提取了社会网络、社会信任、社会声望和社会参与四个公因子后，利用加权方法计算四个维度的因子得分，可以得到社会资源禀赋的指数。

4. 熵值法

根据指标体系中农户资源禀赋各维度含义，结合研究需要和数据特征，在资源禀赋结构中采用熵值法对各具体变量进行标准化，赋予权重，然后计算出经济资源禀赋、自然资源禀赋和社会资源禀赋的得分，进行比较，根据不同维度资源禀赋结构差异，将农户各维度资源禀赋值最高命名为占优型农户。某一农户经济资源禀赋得分高于自然资源禀赋和社会资源禀赋得分，则该农户为经济占优型农户；如果某一农户自然资源禀赋得分高于经济资源禀赋和社会资源禀赋得分，则该农户为自然占优型农户；如果某一农户社会资源禀赋得分高于经济资源禀赋和自然资源禀赋得分，则该农户为社会占优型农户。

5. 多元线性回归模型

由于农户对水土保持技术的认知包括三个方面，即技术本身认知、技术便利性认知和技术风险认知，且涉及问题有多个，量表方式不同。为了能够综合反映农户水土保持技术的认知情况，将农户对技术本身的认知、技术便利性认知和技术风险认知进行加总，利用多元线性回归模型考察农户资源禀赋对水土保持技术认知的影响，具体模型构建如下：

$$y_{ij}=b_{0j}+b_{1j}x_1+\cdots+b_{nj}x_n+\varepsilon_{ij} \tag{1-1}$$

式（1-1）中，y_{ij} 为第 i 个农户对第 j 项技术的认知情况，x_1，…，x_n 为影响农户技术认知的因素，b_{0j}，b_{1j}，…，b_{nj} 为待估计的系数，ε_{ij} 为随机误差。利用普通最小二乘法（OLS）进行系数估计，同时考虑农户资源禀赋结构，进行分组回归。

6. 二元 Logit 模型

农户水土保持技术采用意愿，由于调查中要求农户回答“是否愿意采用该项技术”一题，回答结果为 0-1 变量，0 为不愿意采用该技术，1 为愿意采用该技术，故选用经典的二元 Logit 模型进行分析。并用式（1-2）进行参数估计：

$$\text{Logit}(p)=b_0+b_1x_1+b_2x_2+\cdots+b_nx_n \tag{1-2}$$

式（1-2）中，p 为回归方程中愿意采用某项技术的概率；b_0 为常数项；b_1，b_2，…，b_n 为待估计参数；x_1，x_2，…，x_n 为解释变量，包括自变量（农户经济资源禀赋、自然资源禀赋和社会资源禀赋各因素）和控制变量（包括户主个人特征、家庭特征和村庄特征）。

7. 样本选择模型

水土保持技术是由多项技术共同构成的技术体系，农户在采用时往往不是简单的是否采用的问题，还涉及如果采用水土保持技术，采用哪一项或哪几项技术。因此，本书认为农户采用水土保持技术的决策包含两个过程：一是农户是否采用水土保持技术；二是如果采用了，采用的是哪一项或哪几项技术，即采用程度如何。因此，需要用 Heckman 样本选择模型来进行分析。

$$y_{1i}=X_{1i}\alpha+\mu_{1i}$$

$$y_{1i}=\begin{cases}1，当\ y_{1i}^{*}>0\ 时\\0，当\ y_{1i}^{*}\leqslant 0\ 时\end{cases} \tag{1-3}$$

$$y_{2i}=X_{2i}\beta+\mu_{2i}$$

$$y_{2i}=\begin{cases}a，当\ y_{1i}=1\ 时\\0，当\ y_{1i}=0\ 时\end{cases} \tag{1-4}$$

式（1-3）表示选择方程，式（1-4）表示结果方程。y_{1i} 和 y_{2i} 是衡量农户采用水土保持技术的因变量，y_{1i} 代表农户是否采用水土保持技术的行为，y_{2i} 代表采用水土保持技术的农户采用程度的行为；y_{1i}^{*} 是不可观测的潜变量；a 表示农户对水土保持技术的采用程度；X_{1i} 和 X_{2i} 为自变量，表示影响农户是否采用水土保持技术和采用哪一项或哪几项技术的因素；α 和 β 表示待估参数；μ_{1i} 和 μ_{2i} 表示残差项，均服从正态分布；i 表示第 i 个样本农户。

8. 有序 Probit 模型

由于农户采用水土保持技术的经济效果和生态效果为有序的、非连续型变量时，可采用有序 Probit 模型进行估计，分析农户资源禀赋对水土保持技术的经济效果和生态效果的影响。公式如下：

$$\Phi^{-1}(p)=\alpha+\beta'x \tag{1-5}$$

式（1-5）中 $\beta'x$ 为概率密度函数值，服从标准正态分布；Φ 为累计标准正态分布函数；Φ^{-1} 为其反函数，即概率密度函数，α 为截距项。

第五节　章节分布

本书通过对计划行为理论、公共物品理论、农户行为理论等进行梳理，推导农户水土保持技术采用的影响机理；基于对黄土高原农户的实地调研数

据，综合运用因子分析、熵值法、多元线性回归、Logit模型、有序Probit模型、Heckman样本选择模型等多种实证分析方法，从微观角度研究生态文明建设背景下资源禀赋对农户水土保持技术的认知、采用意愿、采用决策及效果分析，旨在把握农户水土保持技术的采用特征和影响因素；并据此提出促进农户在水土流失治理中采用相应耕作技术的相关政策建议。具体研究内容如下：

第一章绪论。从水土流失危害和水土保持工作背景出发，提出本书研究的主要问题，明确本书研究的目的及意义，在综述国内外有关文献的基础上，找出本书研究的立足点，然后具体给出研究思路、内容及研究方法，最后指出创新之处。

第二章理论基础。首先界定本书涉及的概念，然后学习和梳理与农户技术采用相关的理论，最后在考察农户技术采用的影响机理的基础上，将农户资源禀赋纳入农户水土保持技术采用模型，提出基于过程的“从技术认知到效果分析”的农户水土保持技术采用的理论框架，为后文深入研究打下坚实的理论基础。

第三章农户水土保持技术采用现状及特征分析。介绍研究区域和数据来源，利用描述性统计方法，分析研究区农户水土保持技术采用认知、采用意愿、采用决策和采用效果的现状，发现农户技术采用中存在的问题。

第四章农户资源禀赋测度。在以往研究的基础上，选择一系列能够表示农户资源禀赋的观测变量，构建农户资源禀赋评价指标体系，利用因子分析法，提取公因子，进行资源禀赋不同维度的命名，最终确定经济资源禀赋、自然资源禀赋和社会资源禀赋三个维度来衡量农户资源禀赋。

第五章资源禀赋对农户水土保持技术认知的影响。分析农户对水土保持技术的认知现状，包括农户对技术本身、便利性、风险的了解程度，构建多元线性回归模型实证研究资源禀赋对水土保持技术认知的影响及不同类型农户的差异，并综合考虑其他因素。

第六章资源禀赋对农户水土保持技术采用意愿的影响。本章首先对农户水土保持技术采用意愿的现状和特征进行描述性统计与分析，对农户的水土保持技术采用意愿进行测量。应用二元 Logit 模型，研究农户资源禀赋对水土保持技术采用意愿的影响及不同类型农户的差异，并考虑技术认知的中介效应。

第七章资源禀赋对农户水土保持技术采用决策的影响。利用 Heckman 样本选择模型，分析农户资源禀赋对水土保持技术采用决策的影响及不同类型农户的差异，并考虑技术采用意愿的中介效应。

第八章资源禀赋对农户水土保持技术采用效果的影响。农户采用水土保持技术的效果包括经济效果和生态效果。经济效果方面，利用有序 Probit 模型分析资源禀赋对农户采用水土保持技术对作物产量的影响；生态效果方面，利用有序 Probit 模型分析资源禀赋对农户采用水土保持技术对控制水土流失的影响。

第九章结论与政策建议。根据前文研究，总结资源禀赋影响农户水土保持技术采用的主要研究结论，提出相关政策建议。

第二章　理论基础

第一节　概念界定

一、资源禀赋

资源禀赋是指农户个人和家庭所拥有的资源，包括天然拥有的资源和后天获得的资源和能力（Bourdieu，1986）。当前中国广大农村地区的社会经济结构正在经历转型，农民在就业、收入等方面产生了明显的变化，由原来的均质型向多类型转化（韩俊，2018）。农户资源禀赋对其生产和消费决策起决定作用（梁凡、朱玉春，2018），农户根据自己所掌握的资源禀赋做出理性的行为选择（刘滨等，2014）。

农户资源禀赋的衡量可以从不同角度出发。根据水土保持技术的特点，在借鉴已有研究成果的基础上，将农户资源禀赋从三个角度衡量，即自然资源禀赋、经济资源禀赋和社会资源禀赋。其中经济资源禀赋主要从农户收入水平和收入来源途径进行衡量；自然资源禀赋主要考察农户耕地规模和耕地质量；社会资源禀赋主要考察农户的社会资本情况，包括社会网络、社会信任、社会声望和社会参与。首先分析农户资源禀赋的总体水平情况，然后按照农户资源禀赋的特征，将农户分为经济占优型、自然占优型和社会占优型，探讨不同类型农户的水土保持技术采用行为。

二、水土保持耕作技术

水土保持耕作技术也称水土保持农作技术，它是水土保持的三大措施之一，是指通过少耕、免耕或者改变微地形地表状态技术及地面覆盖、合理布局作物等综合配套措施，从而减少农田土壤侵蚀，保护农田生态环境，并获得生态效益、经济效益和社会效益协调发展的可持续农业技术。

目前学界认为水土保持技术可按照其对土壤的影响程度分为三类：一是以改变微地形为主的技术措施，主要包括等高耕作、沟垄种植、垄作区田、坑田等；二是以增加地面覆盖为主的技术措施，主要包括带状间作、带状轮作、覆盖耕作（留茬覆盖或残茬覆盖、秸秆覆盖、地膜覆盖等）等；三是以改变土壤物理性状为主的技术措施，主要包括减少耕作（含少耕深松、少耕覆盖）、免耕、休耕等。选择水土保持耕作措施的核心技术，包括少免耕、深松耕、等高耕作、沟垄耕作、覆盖耕作（残茬覆盖、秸秆还田、地膜覆盖）。

参考刘玉兰等（2009）对黄土高原耕作制度分区的研究，在充分考虑水土保持技术在各地区之间差异的基础上，结合研究需要，分别从三种类型的水土保持技术中选择核心技术，最终确定等高耕作技术、深松耕技术和秸秆还田技术进行研究。等高耕作技术通过改变微地形，能够达到控制地表径流、保水固土的作用；深松耕技术通过改变土壤理化性质，达到改善土壤团聚体结构、增加土壤透气性和降低土壤容重的目的；秸秆还田技术通过增加地面覆盖，能够达到蓄水保墒、提高土壤肥力和改善土壤结构的目的。

三、农户技术采用

农户技术采用是一系列行为的集合。首先是农户对技术的了解和思考，然后是对技术是否认可和采用意愿，最后是实际采用决策即在生产中的实际使用（王格玲、陆迁，2015）。农户是理性的经济人，在决定是否采用水土保持技术时，会首先通过各种途径获取技术信息，考虑技术的投入、收益和效果，然后综合考虑自身所拥有的资源情况和风险承受能力，最终做出决策。

本书提出基于过程的农户技术采用框架，将农户水土保持技术采用过程划分为技术认知、采用意愿、采用决策和效果分析四个阶段，分析农户资源禀赋对技术采用行为各环节的影响及不同类型农户的差异，并综合考虑其他影响因素，以此为依据来提出技术扩散和推广政策。

第二节　相关理论

一、计划行为理论

1. 计划行为理论模型的起源和主要概念构成

计划行为理论是在理性行为理论的基础上演变而来的，是用来分析个体的态度、主观规范和感知行为控制三个因素如何作用于个体的行为意向从而怎样影响到个体的行为，并由此而影响到整个事情发展的最终进程。

Ajzen（1991）认为“理性计划理论能够解释纯粹依靠意志完成的行为”，也就是说，这个理论模型只能够解释相对比较简单的行为，只要有行为意向就能够完成。这就暗示着行为完全依赖于个人，而对行为的控制（个人的意愿或者环境对行为的决定性）是相对不重要的。为此，Ajzen 提出“一个针对行为不完全受意志控制的行为理论模型”，即计划行为理论模型（Theory of Planned Behavior，TPB）。计划行为理论在理性行为理论模型的基础上，把感知行为控制作为决定行为意向和行为的一个重要变量。

感知行为控制是个体对特定行为控制难易程度的感知。把感知行为控制作为行为的一个预测变量是因为持续的意向和较强的感知行为控制能够增加某种行为完成的可能性。而且，感知行为控制是实际控制的反映，是对实际控制的近似测量，感知行为控制会直接影响到行为的完成。认为行为越容易完成就越有可能有意向去完成它，所以在行为计划模型中感知行为控制作为决定行为意向的第三个重要变量（Sheeran et al.，2011）。

在理性行为理论模型中增加了感知行为控制这个变量大大地增加了模型的解释力度。在一项研究回顾中发现，感知行为控制和意向之间的相关性是0.46。通过对76项应用计划行为理论的研究结果分析发现，控制了理论中其他因素的影响，感知到的行为控制也能够解释13%的变异（Sheeran et al.，2011）。这充分证明，感知行为控制是影响人行为意向和行为的重要变量。但是，完成不同行为时，人们感知到的行为控制对实际的行为控制预测是不同的。感知行为控制是否能够很好地预测实际的行为控制取决于感知的准确性。当人们对特定行为了解很少的时候，或者熟悉的情境中加入了不熟悉的因素时，知觉到的行为控制就不能准确地反映现实情况。然而，当知觉到的行为控制是现实的，它就可以预测行为意图。

感知行为控制是计划行为理论中最矛盾的概念。在早期的研究中发现，感知行为控制题目之间的内部一致性很低（Ajzen，1991）。后来，又有研究在对感知到的行为控制感进行因素分析时发现，感知行为控制分为控制感（个人对行为的控制）和自我效能感（自信和难易）两个维度。也有研究者认为感知行为控制和班杜拉的自我效能感的概念是等同的。自我效能感能够影响人们对活动的选择、为某项活动所作的准备和完成活动过程中所作的努力以及思考方式和情绪反应。感知行为控制和自我效能感在概念上没有什么不同，但两者在测量方法上是不同的。测量自我效能感时，通常要先设定一系列完成行为的潜在障碍，然后再让被试评估克服每个障碍的可能性。而测量感知行为控制时要让被试评估完成某种行为的能力和行为有多大程度是在控制之下的。研究者在各自研究中定义的感知行为控制的概念也各不相同，Rhodes和Smith（2006）的研究认为感知行为控制分为感知到的技巧、机会和资源三个部分。

2. 计划行为理论的逐步完善与广泛应用

自计划行为理论问世以来，许多实证研究的结果很快证明，这是一个将

态度和行为连接起来，具有相当预测力的理论之一。然而，它的一些理论观点在受到大多数学者的赞同和支持的同时，也遭到不少学者的质疑。这些质疑和挑战无疑进一步促进了计划行为理论的成熟和完善。例如，Armitage 等（1999）曾对 1998 年以前的 185 个有关 TPB 的研究进行过元分析，他们报告说，态度、主观规范、感知行为控制只能解释在不同领域的 39%的意向变异和 27%的行为变异，而且，与态度和感知行为变量相比，控制主观规范这一变量同意向、行为的相关性较小。因此这些成分并不能解释所有的意图和行为上的变异。另外，有些学者还提到了除这三个主要变量之外的其他因素。譬如，在诚实领域，针对欺诈行动，道德义务就是另一个潜在的意向决定因素（Ajzen，1991）。为了确定各种不同因素成分是否可以对意图予以充分的解释，还有一些研究人员提出，如果过去的行为与未来的行为相关，那么，除了态度、主观规范、感知行为控制，也应把过去的行为包括在模型中。所以，其他一些因素也同样需要被测量（Rhodes and Smith，2006）。也就是说，观察表明，不能把无法解释行为上的变异仅仅归因于随机误差，应该还存在着某些不可测量的系统因素。他们认为，计划行为理论似乎并不能解释社会上的所有行为。计划行为理论在零售情境中似乎就没有预测出对产品的抱怨倾向。后来，Ajzen 在计划行为理论中加入了对过去行为的测量，并将其作为预测未来行为的一个重要指标。至于哪三个变量对意向和行为有重要的但不同的预测作用，态度、主观规范和感知行为控制对意向预测的相对重要性，这一预测会因行为与行为、人群与人群的变化而变化。他们认为，对于这三个前因变量，在特定的情况下，并不需要全部参与，有时可能仅仅需要一个或两个。

总之，Ajzen 及其合作者在广泛吸收其他学者的研究成果以及质疑和批评的基础上，对计划行为理论进行了不断的修订和更正，可以说，21 世纪的前十年是计划行为理论获得全面提高和发展的十年。在这一时期，他们共发表了近 20 篇专题论文，对计划行为理论预测人们的意向的三个主要前因变量

（行为态度、主观规范和感知行为控制）以及与之相对应的三个认知基础信念（行为信念、规范信念和控制信念）做了深入的论述、反思和分析，并提出了许多新的论点来提高计划行为理论模型的严谨性和科学性。2009 年，Ajzen 及其同事还进一步探讨了计划行为理论中，意向和行为之间的不确定的对应关系，即人们并不总是依照自己原定的意向来行动。通过实证研究，他们揭示出，从意向到行为有一段不易达到的距离，在其间，至少存在着这样三个重要概念：实施意向（Implementation Intention）、承诺（Commitment）和自觉性（Conscientiousness）。这三个概念与意向和行为的关系表明，实施意向为计划中的行为创造了一种承诺，或者说，极大地激发了个体执行行为的自觉性和工作表现水平，其中，个人的高自觉性要比个人的低自觉性更有可能显示出其意向的特征。与具有低自觉性的个人相比，具有高自觉性的个人很少从事具有风险性的健康行为，更有可能去从事有益健康的行为。许多来自其他学者的直接证据也支持这一论点，即自觉性可以调节意向和行为之间的关系（Rhodes and Smith，2006）。

关于如何缩小从意向到行为的差距，可能需要两种干预（Intervention）：一种干预的目的是产生一种期望意向（Desired Intention）；另一种干预的目的是促进有关期望行为的表现。可见，除了行为预测功能，计划行为理论还包含着重要的设计和验证行为的干预功能。Ajzen 强调，计划行为理论的核心应是干预，而干预策略的核心则需要改变信念。由于信念的转变，必然影响到行为态度、主观规范和感知行为控制，最终提高和增强了人们执行行为的意向。作为一种成功地预测和解释态度与行为之间关系的社会心理学理论模型，目前，计划行为理论已被广泛地应用到人类生活的众多领域，从亲社会行为、健身运动行为、健康保健行为、社会学习行为、饮食休闲行为到药物成瘾等。绝大多数实证研究充分证明，该理论能更好地了解和预测个体的行为意向及其自我效能和控制感，并显著地提高人们的具体态度对行为的解释力。

二、集体行动理论

曼瑟尔·奥尔森的《集体行动的逻辑》一书是公共选择理论的奠基之作。奥尔森认为，在追求集体行动收益的过程中，“除非一个集团中人数很少或者除非存在强制或其他某种特殊手段使个人按照他们的共同利益行事，有理性的、寻求自我利益的个人会采取行动去实现他们共同的和集团的利益”。他认为集体利益是一种“公共物品”，这种物品的消费具有非排斥性和非竞争性的特点，即集团中任何一个成员对此类物品的消费都会影响其他成员的消费。也就是说，即使一个大集团的所有个人都是有理性的和寻求自我利益的，而且作为一个集团，它们采取行动实现他们共同的利益或目标都能获益，但它们仍然不会自愿地采取行动以实现共同的或集团的利益。

利益集团理论。奥尔森的利益集团理论将集团依据集团寻求的目标分为排外集团和相容集团，根据组织的难易程度分为特权集团、中间集团和潜在集团。奥尔森认为，较大的集团不能增进它们自身的利益的主要原因是：第一，集团越大，增进集团利益的人获得的集团总收益的份额就越小，有利于集团的行动得到的报酬就越少；第二，由于集团越大，任意一个个体，或集团中成员的任何（绝对）小子集能获得的总收益的份额就越小，他们从集体物品获得的收益就越不足以抵消他们提供的集体物品所支出的成本；第三，集团成员的数量越大，组织成本就越高，这样在获得任何集体物品前需要跨越的障碍就越大。于是对每一位成员来说，最理性的行为就是自己不分担任何成本（即不参加集体行动）而坐享其成。如果所有成员都采取最理性行为，其结果就是每个人都想“搭便车”，集体行动无法实现。

选择性激励理论。集体行动的最大困难在于集体行动存在信息不对称和“搭便车”的机会主义倾向。选择性激励是实现集体行动的重要手段。奥尔森对集体行动理论的基本理解是，“搭便车”之所以发生在于信息不对称，所以集体行动难以达成的根本原因在于信息不对称。奥尔森提出了著名的“搭便车”理论，认为：公共物品一旦存在，每个社会成员不管是否对这一物品的产生做过贡献，都能享受这一物品所带来的好处。公共物品的特性决定当一群理性的人聚在一起想为获取某一公共物品而奋斗时，其中的每一个人都可能想让别人去为达到该目标而努力，而自己则坐享其成。这种“搭便车”具体来说，集体行动的成果具有公共性，所有集体的成员都能从中受益，包括那些没有分担集体行动成本的成员。也就是说，公共政策使公众整体受益，因此在一个群体中如果有一个人从公共政策中受益，则同他一样的所有人都将受益。

奥尔森指出，公共物品的两大属性造成了集体行动的难题，给个体的“搭便车”（Free-riding）行为提供了刺激动机。由于“搭便车”行为的存在，有理性的、追求自身利益的个人不会采取行动来实现他们共同的或集团的利益。集体行动的实现其实非常不容易。当集体人数较少时，集体行动比较容易产生；但随着集体人数增加，产生集体行动就越来越困难。因为在人数众多的大集体内，要通过协商解决如何分担集体行动的成本；人数越多，人均收益就相应减少，“搭便车”的动机便越强烈，并且大团体的集体行动要靠“选择性诱因”的手段，其实就是一种激励机制，可能是惩罚性的、强制性的，也可能是奖励性的；可能是经济性的，也可能是社会性的，目的都在于激励成员。奥尔森认为，由于存在上述种种原因，大团体的公共物品不可能靠自愿产生，要靠“选择性诱因”来激励。

三、农户行为理论

目前关于农户行为理论的研究主要分为三个学派，即理性小农学派、道义经济学派和有限理性学派。

理性小农学派以诺贝尔经济学奖获得者舒尔茨为代表，他通过研究认为在既定的经济条件下，农户是按照经济利益最大化来安排自己的农业生产经营活动，在传统的农业环境中，小农经济表现出的低效率和低增长是由农业生产要素边际投入递减规律所决定的，同时现代化农业技术的经济效率能打破传统农业生产环境和条件。在完全竞争的环境和条件下，农户和其他资本

主义企业一样会表现出强烈的逐利特征，并以经济利益最大化的理性原则和标准来指导自己的农业生产经营活动。所以舒尔茨提出“理性小农”的论断，并在其著作《改造传统农业》一书中对这一论断和观点进行论证和阐述。Becker（1965）通过研究同样认为，小农在日常的家庭经营决策中表现出强烈的理性化特征，并通过构建农户生产消费模型，运用机会成本理论以农户家庭为基本单位对农户家庭成员劳动时间和投入进行了评估和分析，最终发现农户在农业生产的组织、决策以及家庭消费的安排上都是按照成本最小化和效用最大化的原则和标准来规范和约束自己的生产和消费活动的，认为农户和现代化资本主义企业家一样是理性的。

道义经济学派以恰亚诺夫和斯科特为代表，道义经济学派是对组织生产学派的继承和发展。恰亚诺夫通过研究认为农户在生产经营活动中表现出非理性特征，这种非理性在农户的生产目的上表现出强烈的自给性特征，在组织生产经营活动中主要依靠家庭成员的劳动，而不是通过市场的方式获得劳动力供给，正是以上原因导致农户难以采取现代化农场和企业通用的方式来精确地核算农业生产的成本和收益，从而使得农户农业生产经营活动表现出强烈的非理性特征。该理论和研究成果很好地解释了发展中国家的小农生产方式，一经提出便产生了广泛的影响。斯科特继承和发展了恰亚诺夫关于家庭农场和经营性农场区别的观点，认为具有生存取向的农民家庭的特殊经济行为是由于家庭农场既是一个消费单位又是一个生产单位，以可靠稳定的方式满足家庭生存的最低需要是农民做出选择的关键标准。斯科特在其代表性的著作《农民的道义经济：东南亚的反抗与生存》一书中，反复强调农民在确定投资时是基于道德而不是理性，奉行“安全第一”“生计第一”的原则。生存取向的农民宁可避免经济灾难而不是冒险去追求最大化的收益，他们宁愿选择那些回报较低，但比较稳定的策略，而不是去采用那些投资回报高但同时存在高风险的策略。

有限理性学派以西蒙为代表，西蒙通过运用“效用”模式对传统农民进行分析，研究发现，农民的生产经营行为与资本主义企业家有极大的差别，农民有自己独特的行为逻辑和规则，对最优化目标的追求和对利弊的权衡，而不是通过利润与成本之间的计算，是在消费满足程度和艰辛程度之间的估量。农民风险的主导动机和与自然的“互惠关系”，体现的是农民对抗外来生计压力的一种“生存理性”。该理论认为农户行为中理性与非理性同时并存，信息的局限性取决于人的有限理性，并可能导致个体行为决策过程中的非理性。

四、公共物品理论

经济学将物品或服务总体上划分为私人物品和公共物品。公共物品是全体社会成员集体享用的集体消费品，每个人的消费都不会减少其他社会成员对该物品的消费。公共物品具有消费的非竞争性和非排他性，导致“公地悲剧”以及“搭便车”现象经常在使用公共物品过程中出现。公共物品理论指出提供公共物品是政府等公共部门的主要职能，然而依据公共物品其特征，可以划分成纯公共物品和准公共物品，政府需要根据不同类型公共物品的特点，选择合适的提供方式，才能提高资源的配置效率。

公共物品属性决定了自然资源环境及其所提供的生态服务面临供给不足、拥挤和过度使用等问题。传统福利经济学认为，市场化方式提供公共物品效率较低，应通过政府干预来克服外部性，也就是采用公共物品政府提供的方式进行生产。然而公共物品政府供给的合理性和有效性却遭到了一批经济学家的质疑，他们认为从社会福利最大化的角度看，由于政府本身难以克服的局限，在提供非私人物品中，信息失灵、预算规模极大化、权力寻租等成为令人困扰的普遍性问题而导致“政府失灵”。诸多经济学家从理论或经验方面论证了公共物品私人提供的可能性，并提出以财产权私有化为基础的市场机制供给和生产的替代性政策主张。

农业水土保持技术是为了治理水土流失而使用的，属于公共物品范畴，在研发完成后往往会移交给当地的基层组织，具有集体产权性质，在技术生

效和使用过程中，任何人都能享受到它所带来的效益。根据公共物品的分类，农业水土保持技术由于其在一定范围内产生的社会效益、生态效益和蓄水保土效益具有不可分割的效用，还具有较强的正外部性，并且水土保持技术可由政府提供，也可由私人提供，存在市场失灵的现象，故水土保持技术可被归为一种准公共物品。由于水土保持技术这种准公共产品供给的成本较高，产生的效益需要较长时间才能体现出来，目前此类产品大部分是由政府出资来提供，社会资本和公民个人的主动参与相对有限。然而由于水土保持带来的青山绿水具有显著的正外部性，随着公众社会对环境关注度的提高，对优美环境的需求不断增加，政府有必要采取优惠政策，对从事水土流失治理的社会资本和公民予以补贴，引导他们积极参与到此类准公共产品的供给中来。

水土保持技术是生态文明建设的一项内容，它作为一种准公共物品，包含着公共责任和公共利益，协同治理理论和多中心治理理论可以在政府职能定位、其他社会主体作用的明确、激励机制的选择等问题上提供理论依据，从而发动多个主体通过协同合作的方式治理水土流失，让参与各方满足各自利益所求，从而维护和增进公共利益，完成社会主义生态文明建设，营造环境友好型社会。

第三节　资源禀赋对农户水土保持技术采用的影响机理

一、农户资源禀赋对水土保持技术认知的影响

技术认知是农户技术采用行为中的第一环节，是主体对技术的了解程度，包括对技术本质、属性、特征、功能等多方面的认识，技术认知在一定程度上会影响农户的技术采用意愿进而影响技术采用决策（Ajzen，1991）。已有研究中认为技术认知包括技术收益性认知、技术有效性认知、技术易操作性

认知、技术内在感知、技术服务效果感知等（石洪景，2015），对技术认知正向影响技术采用意愿基本达成共识。同时，在技术认知方面，多从感知易用性和感知有用性方面进行衡量（徐涛等，2018）。

经济资源禀赋主要考察农户家庭收入、兼业程度和收入来源的情况。水土保持技术的采用需要投入更多的成本，特别是租用机械的费用，家庭收入越高，农户对生产成本增加的承受能力越强。在农户兼业程度和收入来源途径方面，中国社会科学院农村发展研究所按照农业收入在家庭总收入中所占的比重对农户进行划分，分为纯农户、一兼农户、二兼农户和非农户四类。农户兼业程度高，往往收入来源途径相对较多，家庭收入水平较高。这部分群体往往在城镇工作，其更多的时间在城镇，接触不同的人群，信息来源途径广，对水土保持技术的认知程度与纯农户有较大的差异，对技术各方面认知更为明确，倾向于采用水土保持技术。

农户自然资源禀赋主要考察农户耕地状况，包括耕地面积、土地肥沃程度、耕地细碎化程度和灌溉条件。农户耕地面积越大，土地越肥沃，具有灌溉条件，其土地收益越高，农户愿意投入更多的时间去获取与水土保持技术相关的信息，以提升农业技术水平。鉴于一些水土保持技术使用机械的大型化，如小麦/玉米联合收割机、深松机等，需要在大地块进行操作，如果耕地过于细碎化，不利于机械操作，农户认为技术不适合本地使用。

农户社会资源禀赋主要考察社会资本情况，社会资本是相对于物质资本和人力资本而言的，存在于人际交往关系中，包括社会网络、社会规范、社会权威、行动共识、社会道德、社会信任等方面（赵雪雁，2012）。社会资本是无形的资源，个人与他人或组织之间的联系会对其行为产生影响（Portes，1995）。个人拥有的社会资本越多，其所获取的信息和机会越多（Sanginga et al.，2007；吴玉锋，2018），能为其带来一定的收益。社会资本中为农户带来了更多的信息和资源，增进了农户对水土保持技术的认知。

二、农户资源禀赋对水土保持技术采用意愿的影响

水土保持技术不仅能给农户带来经济效益，同时也给生态环境带来改善，起到控制水土流失的目的。但是农户如果采用这些技术，也会有额外的投入，增加农业生产成本。如农户通过地膜覆盖作物，可以起到提高地温、保水、保土、保肥的作用，进而提高农作物产量；同时也会带来成本的增加，如购买地膜、租用覆膜机等。农户作为理性的经济人，在进行技术选择时，首先要考虑其经济承受能力，家庭收入越高，非农收入占比越大，农户对水土保持技术经济投入的负担越小，倾向于采用技术。在粮食价格低迷的现状下，只有家庭收入高的农户才愿意承担采用技术的费用。由此可见经济资源禀赋影响水土保持技术投入的承受能力，进而影响农户技术采用意愿。

自然资源禀赋的差异导致农户对土地价值的认知和依赖程度的差异，进而影响农户水土保持技术的采用意愿。农户实际耕种面积越大，从农业生产中获得的收入越高，愿意通过采用技术进一步提高收益。同时机械化操作水平较高的技术，由于能够节约劳动时间，适合于实际耕种面积较大的农户。耕地过于细碎化一方面不利于机械进地；另一方面，一般小块细碎的耕地往往是种植粮食作物，大块耕地一般可以种植经济作物。种植粮食作物收入较低，因此不愿意采用水土保持技术。具备灌溉条件和土地肥力较高的耕地，一般作物亩产较高，同时为了保护耕地和保障作物产量，农户愿意承担额外的技术采用费用。

社会资源禀赋农户在采用等高耕作技术前会感受到社会支持或压力，在农业生产中，农户的决策一方面受到个人特征、技术认知和行为态度的影响，另一方面也有来自周围人群的影响。家人、亲朋好友、邻居等社会关系的态度会对农户采用水土保持技术的意愿产生影响作用。农户可从社会网络中获取一些有用的信息、经验、技术、资金等资源。农户社会信任是农户在与他人交往中建立的依赖关系，农户从周围人群中获取技术信息，社会信任程度越高，农户对信息越信赖，愿意相信或听从他人的建议。社会参与能够使农户更好地融入群体，获取更多的社会资源、信息等。社会声望越高，其在村中的地位越高，其决策对他人的影响越大，同时能够掌握更多的资源。采用了技术的农户在感受到技术的便利性后，认为技术适合本地，将这些技术信息分享给周围的农户，激发了农户的技术采用意愿。

三、农户资源禀赋对水土保持技术采用决策的影响

由于水土保持技术是一系列技术的集合，涉及多项关键技术，因此农户水土保持技术的采用决策不是简单的是否采用的问题，而是是否采用技术和采用几种技术的决策。水土保持技术采用决策是农户在利益机制的驱动下，做出的技术选择行为。

农户经济资源禀赋对技术采用决策的影响，首先要考虑其经济承受能力，经济收入高的农户对采用水土保持技术带来的投入成本的增加不敏感，倾向于采用水土保持技术。农户兼业程度和收入来源途径不同，其投入农业生产中的时间不同，对农业的依赖程度有显著的差异。一般兼业化程度越高、收入来源途径越多的农户，其对农业收入依赖性低，为了节约劳动时间，采用水土保持技术；而纯农户对农业种植收入依赖性高，对采用水土保持技术的态度更为谨慎。

假设其他因素不变的前提下，新技术选择与农户家庭的种植规模正相关，即种植规模越大，选择新技术的倾向越高。目前多数农业技术的机械化操作程度较高，种植规模越大的农户，其规模经济越显著，技术采用率较高。耕地过于细碎化会导致机械作业的困难，以及成本的提高，导致农户无法采用水土保持技术。另外土地肥沃程度差和不具备灌溉条件，导致农户投入的风险较高，抑制了农户的技术采用。因此，自然资源禀赋对农户水土保持技术的采用决策有显著的影响。

在我国农村农业生产中，农户的行为受到“熟人社会”的影响。农户从家人、亲朋好友、社区等个人关系的社会网络中获得信息和资源，加上农户生活或生产相对集中，“羊群效应”导致农户行为具有从众的特点，会追随

大众行为，模仿效应显著。在水土保持技术推广之初，农户对技术不了解，在少数农户采用技术后，通过与其进行交流，逐渐获取技术信息，并掌握技术使用的方法，随后逐步采用技术。从事农业生产时间较短的农户，多数看到别人采用技术，自己就采用。虽然我国的水土保持技术最初是自上而下推行的，政府提供了技术推广和示范，但农户的农业生产行为一般比较保守，农户之间的技术交流更能够促进农户技术采用。因此，社会资源禀赋对农户水土保持技术的采用决策有显著的影响。

四、农户资源禀赋对水土保持技术采用效果的影响

农户采用水土保持技术的效果不仅仅是经济效果，最重要的是其生态效果。政府通过技术推广、技术培训和各种补贴，目的是鼓励农户采用水土保持技术，达到改善土壤结构、控制水土流失、提高产量和收入的目的。

农户对水土保持技术生态效果评价中，经济资源禀赋中收入高的农户，其主要收入来源是非农收入，一年中多数时间在城市从事非农就业，信息来源广泛。一方面能认识到水土流失带来的危害，另一方面他们肯定了技术控制水土流失的作用。自然资源禀赋中耕种面积越大的农户，农业生产投入越大，对农业技术关注度越高，经过多年的实践，深刻体会到等高耕作技术控制水土流失的效果。土地越肥沃，农户能从土地中获得的收益越高，对水土流失导致土地退化越关注。耕地集中、地块面积大的农户，在夏季暴雨时，能够明显看到地表径流造成的土壤流失。采用了水土保持技术后，地表覆盖有作物残茬，形成了对径流的缓冲和阻挡，增加了土壤的入渗，因此能够认识到技术有效控制水土流失的作用。社会资源禀赋中，农户与周围人群的来往越密切，社会资本越丰富，获得的技术信息越全面，对水土保持技术的生态效果评价越高。

第四节　本章小结

本章首先对研究中所涉及的核心概念进行了界定，分别对资源禀赋、水土保持技术和农户技术采用的内涵和外延进行了界定。然后阐述了相关的理论，包括计划行为理论、集体行动理论、农户行为理论和公共物品理论，并分析了这些理论与本书研究主题的关系。这些概念和理论为本书的研究提供了坚实的基础。最后，在相关理论的指导下，分析了资源禀赋对农户水土保持技术采用的作用机理，为后续章节实证研究的开展提供了理论支撑。主要结论如下：

（1）农户资源禀赋包括经济资源禀赋、自然资源禀赋和社会资源禀赋三个方面。自然资源禀赋主要考察农户耕地规模和耕地质量；经济资源禀赋主要从农户收入水平和收入来源途径进行衡量；社会资源禀赋主要考察农户的社会资本情况，包括社会网络、社会信任、社会声望和社会参与。

（2）计划行为理论、公共物品理论、农户行为理论和集体行动理论为本书奠定了理论基础。

（3）分析了资源禀赋对农户水土保持技术采用行为及效果的影响机理，探讨了资源禀赋对农户水土保持技术认知、采用意愿、采用决策和采用效果的影响机理。

第三章　农户水土保持技术采用现状及特征分析

本章首先对数据来源和调研区域样本农户的特征进行了描述；然后利用农户调研数据，对农户水土保持技术认知、采用意愿、采用决策和效果的现状进行了描述性统计；最后分析了农户采用水土保持技术中存在的问题，目的是为后续的实证研究提供数据和支持。

第一节　数据来源与样本描述性统计分析

一、数据来源

黄土高原幅员辽阔，包含7省287县，这些地区由于气温、水分、地貌的差异，形成了不同的耕作制度（李军，2004）。刘玉兰等（2009）根据黄土高原地区气候、地貌、作物等因素，将黄土高原按照耕作制度进行区划，划分为10个区。在充分考虑水土保持技术在各区之间差异的基础上，结合研究需要，对黄土高原水土流失最为严重、最具代表性的耕作区进行调研，选取了汾渭平原半湿润区的山西省汾阳市和吉县、黄土丘陵区的陕西省安塞区和靖边县、黄土残塬丘陵区的甘肃省镇原县和泾川县作为研究区域，设计问卷，进行农户调查。

本书课题组于2019年1月至3月对山西省、陕西省和甘肃省6个县的农户进行调查。采用分层随机抽样法，首先根据文献中黄土高原水土流失状况确定水土流失最为严重的市县，每个省选择两个县，每个县选择 2~3 个镇。每个镇随机选择 3~5 个村，每个村随机抽取 15~25 个农户，保证样本选择的随机性和广泛性。同时为了体现区域差异，分别在黄土高原东中西选择 2 个市县，最终确定了调研区域为山西省吉县和汾阳市、陕西省安塞区和靖边县、甘肃省镇原县和泾川县，样本分布如表 3-1 所示。调查内容包括农户个人和家庭基本情况、生计资本状况、耕地情况、水土保持技术采用情况等。调研农户 1316 户，得到有效问卷 1237 份，问卷有效率为 94%。

表 3-1　样本分布

省份	县（市或区）	乡（镇）	样本数（户）	比例（%）
山西省	吉县	屯里镇、城关镇、柏山寺乡	244	19.73
	汾阳市	演武镇、肖家庄镇	196	15.84
陕西省	安塞区	真武洞镇、沿河湾镇、化子坪镇	215	17.38
	靖边县	东坑镇、杨桥畔镇、龙洲镇	203	16.42
甘肃省	镇原县	城关镇、屯字镇、上肖乡	197	15.92
	泾川县	城关镇、玉都镇	182	14.71
合计	—	—	1237	100.00

二、样本描述性统计

为了全面了解样本农户，本章从户主性别、年龄、是否村干部、受教育程度、家庭劳动力数量、是否加入合作社、村庄到县城的距离等对样本农户进行描述性统计，同时这些因素作为影响农户水土保持技术采用的控制变量。

农户个人特征方面，主要考察户主性别、户主年龄、户主受教育程度和户主是否村干部。在所调查的农户中，从户主性别角度看，户主为男性的有 1171 户，占总样本的 94.66%；户主为女性的有 66 户，占总样本的 5.34%。从户主年龄角度看，户主年龄在 30 岁以下的有 19 户，占总样本的 1.54%；户主年龄为 31~40 岁的有 101 户，占总样本的 8.16%；户主年龄为 41~50 岁

的有 301 户，占总样本的 24.33%；户主年龄为 51~60 岁的有 404 户，占总样本的 32.66%；户主年龄为 61~70 岁的有 321 户，占总样本的 25.95%；户主年龄为 70 岁以上的有 91 户，占总样本的 7.36%。从户主受教育程度看，户主没有上过学的有 187 户，占总样本的 15.12%；户主为小学文化的有 420 户，占总样本的 33.95%；户主为初中文化的有 509 户，占总样本的 41.15%；户主为高中/中专文化的有 109 户，占总样本的 8.81%；户主为大专及以上文化的有 12 户，占总样本的 0.97%。从户主是否为村干部角度看，户主是村干部的有 92 户，占总样本的 7.44%；户主不是村干部的有 1145 户，占总样本的 92.56%。农户个人特征中，户主为男性的占大多数，户主年龄在 50 岁以上的约占 66%，户主受教育程度超 90%的为初中及以下。这符合我国目前农村的实际情况，家庭决策人（户主）一般是男性，从事农业劳动力趋于老龄化，且受教育水平普遍偏低。另外，样本农户中是村干部的较少。

农户家庭特征方面，主要考察农户家庭劳动力的数量和是否加入农机合作社。农户家庭劳动力数量方面，农户家庭无劳动力的有 13 户，占总样本的 1.05%；农户家庭有 1 个劳动力的有 226 户，占总样本的 18.27%；农户家庭有 2 个劳动力的有 658 户，占总样本的 53.19%；农户家庭有 3 个劳动力的有 156 户，占总样本的 12.61%；农户家庭有 4 个劳动力的有 140 户，占总样本的 11.32%；农户家庭有 5 个劳动力的有 29 户，占总样本的 2.34%；农户家庭有 6 个劳动力的有 13 户，占总样本的 1.05%；农户家庭有 7 个劳动力的有 1 户，占总样本的 0.08%；农户家庭有 8 个劳动力的有 1 户，占总样本的 0.08%。农户家庭是否加入农机合作社方面，没有加入农机合作社的有 1140 户，占总样本的 92.16%；加入农机合作社的有 97 户，占总样本的 7.84%。农户家庭特征中，有超 85%的家庭劳动力在 3 人以下，且有 53.19%的家庭劳动力为 2 人，这符合中国目前的家庭结构现状。大多数家庭为核心家庭或主干家庭，家庭组成或者是一对老夫妇，或者是父母与未婚子女，或者是父母与一对已婚子女。家庭加入农机合作社方面，仅有 7.84%的家庭加入，原因是农村中农机合作社一般是购买了农用机械的农户共同组成，而农村中仅有少数家庭购买大型农用机械并为其他村民提供有偿服务。

村庄特征方面，主要考察村庄到县城的距离。其中，村庄到县城距离在5里①以内的有176户，占总样本的14.23%；村庄到县城距离在5~10里的有332户，占总样本的26.84%；村庄到县城距离在10~20里的有363户，占总样本的29.35%；村庄到县城距离在20~40里的有280户，占总样本的22.64%；村庄到县城距离在40里以上的有86户，占总样本的6.95%。

第二节　样本农户水土保持技术采用情况

农户决定是否采用水土保持技术以及采用强度（采用几项水土保持技术）是一个复杂的决策过程。首先，农户要对技术有一定程度的认知，听说过该项技术，认为技术具有可操作性，能达到预期的效果。在此基础上，农户才会产生采用水土保持技术的意愿，综合考虑技术投入和产出后，做出是否采用的决策以及采用强度的决策。最终采用了水土保持技术的农户还要衡量技术采用的效果，包括经济效果和生态效果。

根据第二章中对水土保持技术和农户技术采用的概念界定，并结合农户在农业生产中的实践，综合考虑资源禀赋对农户水土保持技术采用的影响机理，本节分别从农户水土保持技术认知、采用意愿、采用决策和效果方面对黄土高原农户技术采用情况进行描述性统计。

一、样本农户水土保持技术认知情况分析

在调查过程中，将农户的水土保持技术认知分为三大类：一是对技术本身的认知，通过“您是否听说过该技术”这一问题来体现；二是技术便利性

① 本书中，按照农户的习惯，距离单位采用了“里”，1里=500米。

认知，通过“该技术容易掌握”和“该技术使用方便”两个问题体现；三是技术风险认知，通过“该技术适合当地使用”这一问题来体现。

技术本身的认知情况中，在样本农户中，对于等高耕作技术而言，有287户农户没有听说过，占总样本的23.20%；听说过的有950户，占总样本的76.80%；对于深松耕技术而言，有286户农户没有听说过，占总样本的23.12%；听说过的有951户，占总样本的76.88%；对于秸秆还田技术而言，有271户农户没有听说过，占总样本的21.91%；听说过的有966户，占总样本的78.09%。样本农户对技术本身的认知水平较高，超过70%的农户都听说过等高耕作、深松耕和秸秆还田技术，且农户对三项技术本身的认知相差不大。

技术便利性认知情况中，对于等高耕作技术而言，在技术容易掌握的认知中，有451户农户不同意技术容易掌握，占总样本的36.46%；有253户农户不太同意技术容易掌握，占总样本的20.45%；有9户农户保持中立，占总样本的0.73%；有206户农户比较同意技术容易掌握，占总样本的16.65%；有318户农户同意技术容易掌握，占总样本的25.71%。在技术使用方便认知中，有444户农户不同意技术使用方便，占总样本的35.89%；有102户农户不太同意技术使用方便，占总样本的8.25%；有6户农户保持中立，占总样本的0.49%；有60户农户比较同意技术使用方便，占总样本的4.85%；有625户农户同意技术使用方便，占总样本的50.53%。

技术便利性认知情况中，对于深松耕技术而言，在技术容易掌握的认知中，有442户农户不同意技术容易掌握，占总样本的35.73%；有107户农户不太同意技术容易掌握，占总样本的8.65%；有56户农户保持中立，占总样本的4.53%；有201户农户比较同意技术容易掌握，占总样本的16.25%；有431户农户同意技术容易掌握，占总样本的34.84%。在技术使用方便认知中，有397户农户不同意技术使用方便，占总样本的32.09%；有94户农户不太同意技术使用方便，占总样本的7.60%；有76户农户保持中立，占总样本的6.14%；有233户农户比较同意技术使用方便，占总样本的18.84%；有

437户农户同意技术使用方便，占总样本的35.33%。

技术便利性认知情况中，对于秸秆还田技术而言，在技术容易掌握的认知中，有437户农户不同意技术容易掌握，占总样本的35.33%；有179户农户不太同意技术容易掌握，占总样本的14.47%；有15户农户保持中立，占总样本的1.21%；有200户农户比较同意技术容易掌握，占总样本的16.17%；有406户农户同意技术容易掌握，占总样本的32.82%。在技术使用方便认知中，有380户农户不同意技术使用方便，占总样本的30.72%；有92户农户不太同意技术使用方便，占总样本的7.44%；有10户农户保持中立，占总样本的0.81%；有58户农户比较同意技术使用方便，占总样本的4.69%；有697户农户同意技术使用方便，占总样本的56.35%。

技术风险认知情况中，技术是否适合当地使用，对于等高耕作技术，持不同意态度的有333户，占总样本的26.92%；持不太同意态度的有213户，占总样本的17.22%；持中立态度的有16户，占总样本的1.29%；持比较同意态度的有56户，占总样本的4.53%；持同意态度的有619户，占总样本的50.04%。对于深松耕，持不同意态度的有463户，占总样本的37.43%；持不太同意态度的有134户，占总样本的10.83%；持中立态度的有32户，占总样本的2.59%；持比较同意态度的有233户，占总样本的18.84%；持同意态度的有375户，占总样本的30.32%。对于秸秆还田技术，持不同意态度的有285户，占总样本的23.04%；持不太同意态度的有200户，占总样本的16.17%；持中立态度的有12户，占总样本的0.97%；持比较同意态度的有60户，占总样本的4.85%；持同意态度的有680户，占总样本的54.97%。

二、样本农户水土保持技术采用意愿情况分析

在理论分析的基础上，结合研究目的，并考虑到黄土高原的水土流失情况，对于等高耕作技术、深松耕技术和秸秆还田技术的采用意愿，通过“愿意采用该技术”问题体现。采用0-1测度，“不愿意”赋值为0，“愿意”赋值为1。

农户是否愿意采用水土保持技术中，对于等高耕作技术，不愿意采用的农户有 923 户，占总样本的 74.62%；愿意采用的农户有 314 户，占总样本的 25.38%。对于深松耕技术，不愿意采用的农户有 473 户，占总样本的 38.24%；愿意采用的农户有 764 户，占总样本的 61.76%。对于秸秆还田技术，不愿意采用的农户有 540 户，占总样本的 43.65%；愿意采用的农户有 697 户，占总样本的 56.35%。

三、样本农户水土保持技术采用决策情况分析

水土保持技术是由多项技术共同构成的技术体系，农户在采用时往往不是简单的是否采用的问题，还涉及如果采用水土保持技术，是采用的哪一项或哪几项技术。因此，本书认为农户采用水土保持技术的决策包含两个过程：一是农户是否采用水土保持技术；二是如果采用了，是采用的哪一项或哪几项技术，即采用程度如何。如果农户未采用水土保持技术，那么不存在采用程度的问题。

分析农户水土保持技术的采用行为时，第一阶段利用二元赋值法度量农户是否采用的问题，用 0 表示农户没有采用等高耕作、深松耕、秸秆还田中的任何一项技术；1 表示农户采用了其中的一项或几项技术。第二阶段分析农户水土保持技术采用程度，根据农户对等高耕作、深松耕、秸秆还田技术采用的数量进行赋值，区间为 1~3。

等高耕作技术采用中，有 239 户采用的该项技术，占总样本的 19.32%；没有采用该项技术的有 998 户，占总样本的 80.68%。其中，山西省有 91 户采用该项技术，占山西省样本的 20.68%；没有采用该项技术的有 349 户，占山西省样本的 79.32%；陕西省有 79 户采用该项技术，占陕西省样本的 18.9%；没有采用该项技术的有 339 户，占陕西省样本的 81.1%；甘肃省有 69 户采用该项技术，占甘肃省样本的 18.21%；没有采用该项技术的有 310 户，占甘肃省样本的 81.79%。

深松耕技术采用中，有 448 户采用该项技术，占总样本的 36.22%；没有

采用该项技术的有 789 户，占总样本的 63. 78%。其中，山西省有 266 户采用该项技术，占山西省样本的 60. 45%；没有采用该项技术的有 174 户，占山西省样本的 39. 55%；陕西省有 38 户采用该项技术，占陕西省样本的 9. 09%；没有采用该项技术的有 380 户，占陕西省样本的 90. 9%；甘肃省有 144 户采用该项技术，占甘肃省样本的 37. 99%；没有采用该项技术的有 235 户，占甘肃省样本的 62. 01%。

秸秆还田技术采用中，有 567 户采用该项技术，占总样本的 45. 84%；没有采用该项技术的有 670 户，占总样本的 54. 16%。其中，山西省有 310 户采用该项技术，占山西省样本的 70. 45%；没有采用该项技术的有 130 户，占山西省样本的 29. 55%；陕西省有 175 户采用该项技术，占陕西省样本的 41. 87%；没有采用该项技术的有 243 户，占陕西省样本的 58. 13%；甘肃省有 247 户采用该项技术，占甘肃省样本的 65. 17%；没有采用该项技术的有 132 户，占甘肃省样本的 34. 82%。

总样本中，没有采用任何一项水土保持技术的农户有 413 户，占总样本的 33. 39%；采用了水土保持技术的有 824 户，占总样本的 66. 61%。其中山西省有 78 户没有采用任何一项水土保持技术，占山西省样本的 17. 73%；采用了水土保持技术的有 362 户，占山西省样本的 82. 27%。陕西省有 210 户没有采用任何一项水土保持技术，占陕西省样本的 50. 24%；采用了水土保持技术的有 208 户，占陕西省样本的 49. 76%。甘肃省有 125 户没有采用任何一项水土保持技术，占甘肃省样本的 32. 98%；采用了水土保持技术的有 254 户，占甘肃省样本的 67. 02%。

总样本中，采用了一种水土保持技术的农户有 243 户，占总样本的 19. 64%。其中山西省有 91 户采用了一种水土保持技术，占山西省样本的 20. 68%；陕西省有 79 户采用了一种水土保持技术，占陕西省样本的 18. 90%；甘肃省有 73 户采用了一种水土保持技术，占甘肃省样本的 19. 26%。总样本中，采用了两种水土保持技术的农户有 397 户，占总样本的

32.09%。其中山西省有203户采用了两种水土保持技术，占山西省样本的46.14%；陕西省有85户采用了两种水土保持技术，占陕西省样本的20.33%；甘肃省有109户采用了两种水土保持技术，占甘肃省样本的28.76%。总样本中，采用了三种水土保持技术的农户有184户，占总样本的14.87%。其中山西省有68户采用了三种水土保持技术，占山西省样本的15.45%；陕西省有44户采用了三种水土保持技术，占陕西省样本的10.53%；甘肃省有72户采用了三种水土保持技术，占甘肃省样本的19%。

四、样本农户采用水土保持技术的效果分析

水土保持技术能够起到蓄水保墒、改善土壤结构、增加土壤肥力、提高作物产量、控制水土流失和改善生态环境等作用。农户采用水土保持技术，不仅能够带来农业产量和收入的增加等经济效果，最重要的是能够带来生态效果。

采用水土保持技术的经济效果和生态效果由农户进行评价，其中，农户采用水土保持技术的经济效果通过“该技术对提高产量的效果”来测量；生态效果中主要考察农户对水土保持技术控制水土流失效果的评价，通过“该技术对控制水土流失的效果”来测量。

水土保持技术在提高产量方面的评价中，在采用等高耕作技术的248户农户中，认为技术效果很差的有6户，占比为2.42%；认为技术效果比较差的有9户，占比为3.63%；认为效果一般的有47户，占比为18.95%；认为效果比较好的有106户，占比为42.74%；认为效果很好的有80户，占比为32.26%。在采用深松耕技术的448户农户中，认为技术效果很差的有22户，占比为4.91%；认为技术效果比较差的有17户，占比为3.79%；认为效果一般的有77户，占比为17.19%；认为效果比较好的有195户，占比为43.53%；认为效果很好的有137户，占比为30.58%。在采用秸秆还田技术的567户农户中，认为技术效果很差的有4户，占比为0.71%；认为技术效果比较差的有29户，占比为5.11%；认为效果一般的有131户，占比为23.10%；认为效果比较好的有257户，占比为45.33%；认为效果很好的有

146户，占比为25.75%。

水土保持技术在控制水土流失方面的评价中，在采用等高耕作技术的248户农户中，认为技术效果很差的有11户，占比为4.44%；认为技术效果比较差的有2户，占比为0.81%；认为效果一般的有41户，占比为16.53%；认为效果比较好的有156户，占比为62.90%；认为效果很好的有38户，占比为15.32%。在采用深松耕技术的448户农户中，认为技术效果很差的有7户，占比为1.56%；认为技术效果比较差的有10户，占比为2.23%；认为效果一般的有50户，占比为11.16%；认为效果比较好的有232户，占比为51.79%；认为效果很好的有149户，占比为33.26%。在采用秸秆还田技术的567户农户中，认为技术效果很差的有87户，占比为15.34%；认为技术效果比较差的有111户，占比为19.58%；认为效果一般的有146户，占比为25.75%；认为效果比较好的有173户，占比为30.51%；认为效果很好的有50户，占比为8.82%。

第三节　水土保持技术采用中存在的问题

一、农户对水土保持技术的认知水平不高

对于等高耕作技术，56.91%的农户认为该技术不容易掌握，44.14%认为该技术使用不方便。对于深松耕技术，44.18%的农户认为该技术不容易掌握，39.69%认为该技术使用不方便。对于秸秆还田技术，39.8%的农户认为该技术不容易掌握，38.16%认为该技术使用不方便。技术风险认知中，44.14%的农户认为等高耕作技术不适合当地使用；48.26%的农户认为深松耕技术不适合当地使用；39.21%的农户认为秸秆还田技术不适合当地使用。

等高耕作技术作为坡改梯工程的配套措施，在黄土高原坡耕地水土流失治理中发挥了重要作用。梯田和坡地由于地块面积小，大型机械无法操作，

小型机械缺乏，导致机械化操作困难，农户普遍认为技术使用的便利性较差。在调查中发现，农户反映深松耕技术存在一些缺陷，包括松土深度浅，不能有效地翻埋肥料、作物残茬和杂草等，农户一般每两年对土地进行深松耕一次，每年需要在种植作物前翻耕土地一次，增加了生产投入。农户普遍反映秸秆还田技术使用多年后，杂草和病虫害明显增多。

另外，政府技术推广和培训服务不到位。在调查中，问及农户关于技术推广问题，农户反映多是宣传作物新品种和农药化肥，对水土保持技术的指导基本没有。一些补贴如化肥补贴、使用农机补贴、地膜补贴等时有时无。

二、农户水土保持技术采用意愿低

在所调查的三项水土保持技术中，深松耕的技术采用意愿最高，但也仅是61.68%农户愿意采用，74.78%不愿意采用等高耕作技术，43.65%的农户不愿意采用秸秆还田技术。

在黄土高原水土流失治理过程中，等高耕作技术往往与梯田配合使用，发挥了控制地表径流和保水保土的作用。近年来，由于等高耕作技术机械化操作水平低，农户不愿投入劳动力和时间，因此采用意愿较低。在调查中发现，黄土高原地区很多农户对梯田撂荒，等高耕作技术采用率很低。多数地区政府鼓励农户采用深松耕技术，深松耕技术或由政府提供补贴，或免费提供服务，但农户习惯了传统的翻耕种植方式，因此对深松耕技术的采用意愿较低。秸秆还田技术的采用主要是依靠大型的机械，一些地区耕地过于细碎化，加上缺乏生产道路，导致机械作业困难，农户不愿意采用。另外，在三省调研中发现，部分农户养羊或牛（398户），且养殖数量较多，特别是陕西省，因调查区域的安塞区和靖边县农户有养殖的传统，作物秸秆一般回收作为牲畜的饲料。即便有机械，作业也方便，但农户仍然不采用秸秆还田技术。

三、农户水土保持技术实际采用率偏低

水土保持技术在农户实际农业生产中的采用率较低。在样本农户中，只

有19.32%的农户采用了等高耕作技术；36.22%的农户采用了深松耕技术；秸秆还田技术是三项技术中采用率最高的，但也只有45.84%的农户采用。

等高耕作技术，往往与梯田配套，在黄土高原地区，梯田撂荒的情况比较普遍。从部分农户的深度访谈中发现，农户认为秸秆还田和深松耕技术使用方便，节约了劳动力和劳动时间的投入。近年来地方政府对秸秆还田和深松耕技术的补贴，通过对购买农机的农户进行补贴，规定农机所有者为农户提供服务的价格（秸秆还田一般为市场价格的一半，部分地区深松耕免费），鼓励农户采用秸秆还田和深松耕技术，因此秸秆还田和深松耕技术采用率相对稍高于等高耕作技术。

四、农户对秸秆还田技术的生态效果评价不高

黄土高原地区干旱缺水，加上很多地区缺乏灌溉条件，农业产出水平偏低。采用了水土保持技术的农户对技术提高产量的效果评价都比较高。农户对水土保持技术的生态效果评价中，60.67%的农户认为秸秆还田技术控制水土流失的效果不明显。在调查中发现，农户之所以采用秸秆还田技术，一是政府政策方面的要求，禁止燃烧秸秆污染环境，在秋收季节会严格监控秸秆燃烧现象；二是农户看中秸秆还田技术操作方便，省时省力，对于大多数劳动力外出务工的家庭来说，降低了机会成本；三是经过多年的采用实践，农户对秸秆还田技术改善土壤质量的作用比较认可，通过秸秆粉碎还田，土壤明显较过去疏松了，腐烂的秸秆提高了土壤肥力，节约了化肥使用量。但问及农户秸秆还田在蓄水保墒和缓解干旱方面的作用时，农户对其评价普遍偏低。农户认为缓解干旱和蓄水保墒，需要雨水或灌溉设施。

第四节　本章小结

本章在介绍我国黄土高原水土流失治理的发展历程基础上，分析了不同

阶段水土流失治理的关键技术，特别是耕作技术。然后对样本农户水土保持技术的认知情况、采用意愿、采用决策、经济效果和生态效果的现状进行了说明。最终对农户在水土保持技术采用过程中存在的问题进行了分析。主要结论如下：

（1）在水土保持技术认知中，农户对技术本身的认知水平较高，超过70%的农户都听说过等高耕作、深松耕和秸秆还田技术；农户对三项技术的便利性认知和技术风险认知水平不高。

（2）水土保持技术采用意愿中，仅有25.38%的农户愿意采用等高耕作技术；深松耕技术采用意愿最高，61.76%的农户愿意采用；56.35%的农户愿意采用秸秆还田技术。

（3）水土保持技术采用决策中，33.39%的农户没有采用任何一项水土保持技术；19.64%的农户采用了一种水土保持技术；32.09%的农户采用了两种水土保持技术；14.88%的农户采用了三种水土保持技术。

（4）水土保持技术在提高产量方面的评价中，在采用等高耕作技术的248户农户中，75%的农户认为技术效果好；在采用深松耕技术的448户农户中，74.11%的农户认为技术效果好；在采用秸秆还田技术的567户农户中，71.08%的农户认为技术效果好。农户水土保持技术在控制水土流失方面的评价中，在采用等高耕作技术的248户农户中，78.22%的农户认为技术效果好；在采用深松耕技术的448户农户中，85.05%的农户认为技术效果好；在采用秸秆还田技术的567户农户中，仅有39.33%的农户认为技术效果好。

（5）农户采用水土保持技术过程中，存在技术认知水平不高、技术采用意愿低、技术实际采用率较低和对秸秆还田控制水土流失作用评价低的问题。

第四章　农户资源禀赋测度

资源禀赋是指农户个人和家庭所拥有的资源，包括天然拥有的资源和后天获得的资源和能力。对农户资源禀赋分析，主要涉及三个方面：经济资源禀赋、自然资源禀赋和社会资源禀赋。本章主要是构建农户资源禀赋测度体系，对农户进行类型的划分，为之后章节的实证分析提供支持。

第一节　资源禀赋测度体系

农户资源禀赋可以从多角度进行衡量，目前学术界对农户资源禀赋的研究多是从三方面进行：一是不对资源禀赋进行类型划分，综合考虑各因素；二是将农户资源禀赋划分为内部资源禀赋和外部资源禀赋；三是从经济、社会、文化、生计角度探讨资源禀赋对农户行为的影响。

在综合考虑影响农户行为的各项因素的基础上，结合研究需要，构建农户资源禀赋指标体系，并按照资源禀赋特征对农户进行分类，研究资源禀赋对农户水土保持技术采用过程及效果的影响及不同类型农户的差异性。

一、数据说明

本书课题组于 2019 年 1 月至 3 月，在山西省、陕西省和甘肃省进行农户调查。共调查了 3 个省 6 个县（市或区）70 个村庄的 1316 户农户，最终获得有效问卷 1237 份，样本具体分布情况见第三章数据来源部分。

二、指标体系的构建

根据之前设计指标体系的原则，结合资源禀赋对农户行为的影响的相关研究及本书的需要，在对农户资源禀赋概念界定的基础上，构建衡量农户资源禀赋的指标体系，包括三个方面：经济资源禀赋、自然资源禀赋和社会资源禀赋。经济资源禀赋主要是从农户收入来源和收入水平角度进行衡量，包括农户家庭总收入、非农收入占比和收入来源途径。自然资源禀赋主要是耕地规模和耕地质量，包括实际耕种面积、土地肥沃程度、耕地细碎化程度和灌溉条件。社会资源禀赋主要考察社会网络、社会信任、社会声望和社会参与等社会资本情况。具体测量问题如表 4-1 所示。

表 4-1　资源禀赋指标体系

一级指标	二级指标	具体变量	赋值
经济资源禀赋	收入水平	家庭总收入	单位：元
	收入来源	非农收入占比	20%以下=1；20%~50%=2；50%~80%=3；80%以上=4
		收入来源途径	单位：个
自然资源禀赋	耕地规模	实际耕种面积	单位：亩
	耕地质量	土地肥沃程度	非常差=1；不太好=2；一般=3；比较好=4；非常好=5
		耕地细碎化程度	耕地块数单位：块
		灌溉条件	没有=0；有=1
社会资源禀赋	社会网络	与亲戚朋友的走动情况	从来不=1；不经常=2；一般=3；比较频繁=4；很频繁=5
		与本村村民的走动情况	
		与村干部的走动情况	
	社会信任	对家庭成员的信任程度	很不信任=1；不信任=2；一般=3；较信任=4；很信任=5
		对亲戚朋友的信任程度	
		对本村村民的信任程度	
		对村干部的信任程度	

续表

一级指标	二级指标	具体变量	赋值
社会资源禀赋	社会声望	别人家有红白事时邀请您参加	不同意=1；不太同意=2；中立=3；比较同意=4；同意=5
		家里有事时亲戚朋友邻居过来帮忙	
		别人闹矛盾找您帮忙调解	
		村里决定集体的事情征求您的意见	
	社会参与	会与街坊一起娱乐（打牌或跳舞等）	不同意=1；不太同意=2；中立=3；比较同意=4；同意=5
		参加本村村民的婚丧嫁娶等活动	
		会参加村中组织的集体活动	
		会参加村干部的选举投票	

第二节　资源禀赋测度过程

对资源禀赋的分析，从两个角度进行：一是资源禀赋水平；二是资源禀赋的结构分类，即按照农户资源禀赋情况对农户类型进行划分。因此资源禀赋水平和资源禀赋的结构需要分别进行测度。

一、资源禀赋水平测度方法

资源禀赋水平中经济资源禀赋和自然资源禀赋可以直接用指标体系中的样本农户在每一个变量的差异来衡量，每一个具体变量都从不同角度反映了二级指标的具体含义。社会资源禀赋与两者有所差异，社会网络、社会信任、社会声望和社会参与中的所有具体变量共同反映各二级指标情况。为消除社

会资源禀赋中各变量之间可能存在的多重共线性问题，采用因子分析法对社会资源禀赋中的变量进行处理和测度。因子分析法是将具有复杂关系的多个变量进行分类，将紧密相关的变量归为一列，提取公因子，进行降维。

二、资源禀赋结构测度方法

根据指标体系中农户资源禀赋水平各维度含义，结合研究需要和数据特征，在资源禀赋结构中采用熵值法对各具体变量进行标准化，赋予权重，然后计算出经济资源禀赋、自然资源禀赋和社会资源禀赋的得分，进行比较，根据不同维度资源禀赋水平的结构差异，将农户各维度资源禀赋水平值最高命名为占优型农户。某一农户经济资源禀赋得分高于自然资源禀赋和社会资源禀赋得分，则该农户为经济占优型农户；如果某一农户自然资源禀赋得分高于经济资源禀赋和社会资源禀赋得分，则该农户为自然占优型农户；如果某一农户社会资源禀赋得分高于经济资源禀赋和自然资源禀赋得分，则该农户为社会占优型农户。

三、资源禀赋分析结果

计算每一样本农户的经济资源禀赋、自然资源禀赋和社会资源禀赋得分，然后将不同维度的资源禀赋得分进行对比，划分农户类型，经济占优型农户有 413 户，占总样本的 33.4%；自然占优型农户有 366 户，占总样本的 29.6%；社会占优型农户有 458 户，占总样本的 37%。

第三节　资源禀赋特征分析

一、经济资源禀赋特征分析

经济资源禀赋中，家庭收入的最大值为 140.32，最小值为 0.13，均值为 4.8919，标准差为 6.8856；非农收入占比的最大值为 4，最小值为 1，均值为

3.04，标准差为1.103；收入来源途径的最大值为5，最小值为1，均值为1.85，标准差为0.479。由此可见，农户经济资源禀赋差异明显。

二、自然资源禀赋特征分析

自然资源禀赋中，实际耕种面积的最大值为120，最小值为0.2，均值为10.9434，标准差为13.1691；土地肥沃程度的最大值为5，最小值为1，均值为2.76，标准差为0.995；耕地细碎化程度的最大值为12，最小值为1，均值为2.24，标准差为1.449；灌溉条件的最大值为4，最小值为1，均值为3.29，标准差为1.156。由此可见，农户自然资源禀赋差异明显。

三、社会资源禀赋特征分析

社会网络中，与亲戚朋友的走动情况、与本村村民的走动情况和与村干部的走动情况中，最大值为5，最小值为1。与亲戚朋友的走动情况中，从来不走动的有8户，占总样本的0.6%；不经常走动的有69户，占总样本的5.6%；走动频率一般的有148户，占总样本的12.0%；走动比较频繁的有555户，占总样本的44.9%；走动很频繁的有457户，占总样本的36.9%。与本村村民的走动情况中，从来不走动的有5户，占总样本的0.4%；不经常走动的有59户，占总样本的4.8%；走动频率一般的有251户，占总样本的20.3%；走动比较频繁的有512户，占总样本的41.4%；走动很频繁的有410户，占总样本的33.1%。与村干部的走动情况中，从来不走动的有3户，占总样本的0.2%；不经常走动的有40户，占总样本的3.2%；走动频率一般的有201户，占总样本的16.2%；走动比较频繁的有600户，占总样本的48.5%；走动很频繁的有393户，占总样本的31.8%。这表明大多数农户的社会网络规模和强度较大，能够在与周围人群交往中获取信息。

社会信任中，对家庭成员的信任程度、对亲戚朋友的信任程度、对本村村民的信任程度和对村干部的信任程度中，最大值为5，最小值为1。对家庭成员的信任程度中，很不信任的有0户，占总样本的0%；不信任的有8户，占总样本的0.6%；信任程度一般的有151户，占总样本的12.2%；较信任的有570户，占总样本的46.1%；很信任的有508户，占总样本的41.1%。对亲戚朋友的信任程度中，很不信任的有1户，占总样本的0.1%；不信任的有10户，占总样本的0.8%；信任程度一般的有171户，占总样本的13.8%；较信任的有635户，占总样本的51.3%；很信任的有420户，占总样本的34.0%。对本村村民的信任程度中，很不信任的有1户，占总样本的0.1%；不信任的有23户，占总样本的1.9%；信任程度一般的有320户，占总样本的25.9%；较信任的有593户，占总样本的47.9%；很信任的有300户，占总样本的24.3%。对村干部的信任程度中，很不信任的有44户，占总样本的3.6%；不信任的有118户，占总样本的9.5%；信任程度一般的有376户，占总样本的30.4%；较信任的有498户，占总样本的40.3%；很信任的有201户，占总样本的16.2%。这表明大多数农户的社会信任程度较高，对周围人群信任。

社会声望中，"别人家有红白事时邀请您参加""家里有事时亲戚朋友邻居过来帮忙""别人闹矛盾找您帮忙调解""村里决定集体的事情征求您的意见"中，最大值为5，最小值为1。"别人家有红白事时邀请您参加"中，不同意的有224户，占总样本的18.1%；不太同意的有201户，占总样本的16.2%；中立的有195户，占总样本的15.8%；比较同意的有472户，占总样本的38.2%；同意的有145户，占总样本的11.7%。"家里有事时亲戚朋友邻居过来帮忙"中，不同意的有198户，占总样本的16.0%；不太同意的有148户，占总样本的12.0%；中立的有166户，占总样本的13.4%；比较同意的有558户，占总样本的45.1%；同意的有167户，占总样本的13.5%。"别人闹矛盾找您帮忙调解"中，不同意的有170户，占总样本的13.7%；不太同意的有215户，占总样本的17.4%；中立的有292户，占总样本的23.6%；比较同意的有341户，占总样本的27.6%；同意的有219户，占总样本的17.7%。"村里决定集体的事情征求您的意见"中，不同意的有149

户，占总样本的12.0%；不太同意的有202户，占总样本的16.3%；中立的有196户，占总样本的15.8%；比较同意的有466户，占总样本的37.7%；同意的有224户，占总样本的18.1%。这表明农户的社会声望情况有明显的差异。

社会参与中，会与街坊一起娱乐（打牌或跳舞等）、参加本村村民的婚丧嫁娶等活动、会参加村中组织的集体活动和会参加村干部的选举投票中，最大值为5，最小值为1。会与街坊一起娱乐（打牌或跳舞等）中，不同意的有4户，占总样本的0.3%；不太同意的有20户，占总样本的1.6%；中立的有119户，占总样本的9.6%；比较同意的有649户，占总样本的52.5%；同意的有445户，占总样本的36.0%。参加本村村民的婚丧嫁娶等活动中，不同意的有4户，占总样本的0.3%；不太同意的有18户，占总样本的1.5%；中立的有48户，占总样本的3.9%；比较同意的有511户，占总样本的41.3%；同意的有656户，占总样本的53.0%。会参加村中组织的集体活动，不同意的有4户，占总样本的0.3%；不太同意的有11户，占总样本的0.90%；中立的有91户，占总样本的7.4%；比较同意的有556户，占总样本的44.9%；同意的有575户，占总样本的46.5%。会参加村干部的选举投票中，不同意的有45户，占总样本的3.6%；不太同意的有57户，占总样本的4.6%；中立的有74户，占总样本的6.0%；比较同意的有606户，占总样本的49.0%；同意的有455户，占总样本的36.8%。这表明大多数农户的社会参与程度较高，能够参与村中个人和集体事务。

第四节　本章小结

本章在构建农户资源禀赋指标体系的基础上，运用因子分析法测度农户社会资源禀赋水平各维度因子得分，运用熵值法测度农户资源禀赋结构得分

并进行农户类型划分，最后对农户资源禀赋的特征进行了详细的描述，结果发现样本农户经济资源禀赋和自然资源禀赋差异明显，社会资源禀赋方面，大多数农户的社会网络规模和强度较大，能够在与周围人群交往中获取信息；大多数农户的社会信任程度较高，对周围人群信任；农户的社会声望情况有明显的差异；大多数农户的社会参与程度较高，能够参与村中个人和集体事务。

第五章　资源禀赋对农户水土保持技术认知的影响

水土流失一直是困扰黄土高原地区生态环境的主要问题，自 20 世纪 50 年代开始，黄土高原地区通过修建基本农田（包括坡改梯）、营造水土保持林和经济果木林、种草、封禁治理、保土耕作等技术和措施加强治理（上官周平等，2008）。经过多年水土流失的治理实践，水土保持技术已形成完备的技术体系，农户采用这些技术一方面能够满足农业生产的需要，另一方面能够保护生态环境，实现农业生产方式的转变。然而，随着农村改革和劳动力市场的发展，加之农业机械化水平的提升，大量农村居民从农业劳动中分离出来，进城务工，农户所拥有的经济资源、自然资源和社会资源发生了很大变化，这导致农户对土地依赖程度的改变，进而影响农户对水土保持技术的态度和认知。目前我国广大农村地区，农户对水土保持技术认知程度较低，这一现实阻碍了水土保持技术的采用和推广。鉴于此，本章在第四章资源禀赋测度的基础上，综合考虑农户对技术本身认知、技术便利性认知和技术风险认知，运用多元线性回归模型，考察资源禀赋对农户水土保持技术认知的影响，为水土保持技术的进一步推广提供科学依据。

第一节 理论分析与研究假设

根据计划行为理论的研究，主体的认知会影响其意愿进而影响其行为决策。技术认知属于人的心理因素，行为经济学认为人类的决策行为会受到心理因素的影响（潘丹、孔凡斌，2015）。农户水土保持技术的采用行为也是如此。农户是否采用水土保持技术，首先取决于其对该项技术的认知程度。农户对技术本身的认知，如是否听说过该项技术、是否见过他人采用该项技术，会影响农户的采用行为。只有听说过某项技术，其他人采用该项技术后将其经验进行分享，农户获得技术相关信息后，才能激发农户的采用行为。其次，如果想要采用该项技术，需要考虑技术使用的便利性，包括技术是否容易掌握、使用是否方便、机械是否容易租用等。最后还要考虑农户对技术风险的认知，技术越适用于本地，农户越愿意采用。

国内外对技术认知的研究中，赵肖柯和周波（2012）、李莎莎等（2015）、吴雪莲等（2016）分析了性别、年龄、收入、兼业情况和信息渠道对农户技术认知的影响；王静和霍学喜（2014）认为技术创新环境是影响农户认知差异的主要因素，技术市场的不完全性约束了农户的技术认知。乔丹等（2017）、徐涛等（2018）和罗文哲等（2019）认为技术政策宣传，包括技术补贴、技术培训和技术示范区等都对农户技术认知有不同程度的正向影响。黄玉祥等（2012）和 D'Antoni 等（2012）的研究发现农户家庭经营特征、技术成本等对农户技术认知有显著的影响。

通过对已有研究的分析，发现现有的关于农户技术认知的影响因素研究中，主要关注农户个人特征、家庭特征、经营情况、外部环境（包括政府、市场）等因素，关于农户资源禀赋对技术认知的影响没有涉及；另外在农业技术认知中，对水土保持技术的认知研究很少。农户资源禀赋，包括经济资源禀赋、自然资源禀赋和社会资源禀赋导致农户之间在获取技术信息、增进技术了解等方面有显著差异，进而影响农户技术认知情况。基于以上分析，本章提出下列假设：

假设1：资源禀赋对农户水土保持技术认知有显著影响。

假设2：不同资源禀赋类型农户的水土保持技术认知差异明显。

第二节　变量说明与描述性统计

本章的因变量为农户水土保持技术认知，包括农户对技术本身的认知、技术便利性认知和技术风险认知；涉及的水土保持技术包括等高耕作、深松耕和秸秆还田技术。其中农户对技术本身的认知通过“是否听说过该项技术”来测度，为0-1变量，0为没有听说过该技术，1为听说过该技术；技术便利性认知和技术风险认知为Likert五点量表变量，因变量的描述性统计见第三章第三节。由于农户对水土保持技术的认知涉及问题有多个，且量表方式不同，为了能够综合反映农户水土保持技术的认知情况，将农户对技术本身的认知、技术便利性认知和技术风险认知进行加总。经济占优型、自然占优型和社会占优型农户对等高耕作、深松耕及秸秆还田技术认知有明显差异。

解释变量选取中，根据第四章农户资源禀赋的测度结果，资源禀赋水平方面选择经济资源禀赋、自然资源禀赋和社会资源禀赋作为核心变量；在资源禀赋结构方面，按照农户经济资源禀赋、自然资源禀赋和社会资源禀赋得分结果将农户分为经济占优型、自然占优型和社会占优型，分别讨论不同类型农户对水土保持技术的认知（具体描述性统计见第四章第二节和第三节）。为避免其他可能影响农户水土保持技术认知因素的干扰，在农户水土保持技术认知模型中，加入户主个人特征、农户家庭特征和村庄特征三类控制变量。

其中，户主个人特征包括年龄、受教育程度和是否村干部三个变量；农户家庭特征包括家庭劳动力的数量和是否加入农机合作社两个变量；村庄特征通过村庄到县城的距离来体现（见表 5-1）。

表 5-1　控制变量及描述性统计

变量名称	变量含义	变量赋值	最小值	最大值	均值	标准差
年龄	户主实际年龄	岁	26	83	55.35	10.669
受教育程度	户主受教育程度	1=没上过学；2=小学；3=初中；4=高中/中专；5=大专及以上	1	5	2.47	0.887
村干部	户主是否村干部	0=否；1=是	0	1	0.07	0.262
劳动力	家庭劳动力数量	人	0	8	2.27	1.077
合作社	是否加入农机合作社	0=否；1=是	0	1	0.08	0.269
村庄到县城的距离	村庄到县城的距离	里	1.0	125.0	19.113	14.6630

第三节　模型构建

由于农户对水土保持技术的认知包括三个方面，即技术本身认知、技术便利性认知和技术风险认知，且涉及问题有多个，量表方式不同。为了能够综合反映农户水土保持技术的认知情况，将农户对技术本身的认知、技术便利性认知和技术风险认知进行加总，利用多元线性回归模型考察资源禀赋对农户水土保持技术认知的影响，具体模型构建如下：

$$y_{ij}=b_{0j}+b_{1j}x_1+\cdots+b_{nj}x_n+\varepsilon_{ij} \tag{5-1}$$

式（5-1）中，y_{ij} 为第 i 个农户对第 j 项技术的认知情况，x_1，…，x_n 为影响农户技术认知的资源禀赋因素，b_{0j}，b_{1j}，…，b_{nj} 为待估计的系数，ε_{ij}

为随机误差。利用普通最小二乘法进行系数估计，同时考虑不同类型农户资源禀赋结构的差异，进行分组回归。

第四节 实证结果与分析

本章利用stata 15.0软件对资源禀赋对农户水土保持技术认知的影响以及不同资源禀赋类型农户的差异进行检验。

一、资源禀赋水平对农户水土保持技术认知的影响

由表5-2的回归结果可知，资源禀赋的回归模型P值均为0.0000，通过了显著性检验，模型拟合效果良好。

表5-2 资源禀赋对农户水土保持技术认知影响的回归结果

变量	等高耕作		深松耕		秸秆还田	
	系数	标准差	系数	标准差	系数	标准差
家庭总收入	-0.1114***	0.0180	-0.0301**	0.0144	0.1086***	0.0177
非农收入占比	-0.2185*	0.1192	-0.2563***	0.0956	0.2270**	0.1173
收入来源	-0.0718	0.2717	0.3212	0.2178	0.0590	0.2673
实际耕种面积	0.0874***	0.0095	0.1970***	0.0076	0.1860***	0.0094
土地肥沃程度	0.2252*	0.1328	-0.0005	0.1065	0.2829**	0.1306
耕地细碎化	-0.5440***	0.0861	-0.1121*	0.0690	-0.5639***	0.0847
灌溉条件	0.8278***	0.2882	-0.0179	0.2311	0.9335***	0.2836
社会网络	0.8106***	0.1826	0.1086	0.1464	0.8116***	0.1796
社会信任	0.7948***	0.2403	0.1267	0.1927	0.9543***	0.2365
社会参与	1.0554***	0.2524	0.1840	0.2023	1.0258***	0.2483
社会声望	1.3239***	0.1394	0.0630	0.1118	1.3173***	0.1372
年龄	0.0591***	0.0119	-0.0047	0.0095	0.0593***	0.0117
受教育程度	-0.2974**	0.1432	0.3142***	0.1148	-0.2613	0.1409

续表

变量	等高耕作		深松耕		秸秆还田	
	系数	标准差	系数	标准差	系数	标准差
村干部	0.6413	0.4734	0.5577	0.3796	0.7641*	0.4658
劳动力	0.3381***	0.1139	-0.1303	0.0913	0.2679***	0.1121
合作社	-0.4440	0.4597	-0.1428	0.3686	-0.7312	0.4523
村庄到县城的距离	-0.0699**	0.0085	-0.0243***	0.0068	-0.0621***	0.0083
常数项	-5.9092***	1.5965	8.5925***	1.2800	-7.1898***	1.5708
Observations	1237		1237		1237	
Adj R-squared	0.2814		0.0266		0.2981	
Prob>F	0.0000		0.0000		0.0000	

注：***、**、*分别表示1%、5%和10%的显著性水平。

经济资源禀赋中，家庭总收入和非农收入占比对等高耕作和深松耕技术认知有显著的负向影响，对秸秆还田技术认知有显著的正向影响。等高耕作技术往往与梯田配套使用，目前适用于梯田的小型农用机械相对较少，农户在种植作物过程中机械化操作水平低，需要投入更多的劳动时间和劳动力。家庭收入较高和非农收入占比较大的农户，家庭成员通过在城市打工或独立经营获得更高的收入，信息获取途径相对较为广泛，但这些农户不愿花太多时间从事农业生产，对于机械化操作水平较低的等高耕作技术，农户认为其操作不方便，技术不容易掌握，且认为技术不适合本地使用。深松耕技术不翻动土壤，改善了土壤结构，增强了土壤蓄水保墒能力，为作物生长提供了良好的环境，提高了作物产量。但是深松耕技术也导致了肥料不能很好地掩埋、残茬和杂草不能翻埋到地下、病虫害增加、地面不平整的问题。加上从事农业生产多为年龄偏大的农户，习惯了传统的旋耕方式，对新的作业方式顾虑较多，且普遍对深松耕技术评价较低，认为技术不容易掌握，不适合本地使用。在调查中发现，农户非农收入越高，其家庭收入也越高，这些农户多数时间从事非农行业，收入较高，农业劳动机会成本高，且普遍认识到秸秆还田技术的便利性和省时省力。

自然资源禀赋方面，实际耕种面积对等高耕作、深松耕和秸秆还田技术认知均有显著的正向影响。实际耕种面积越大，对耕地的依赖程度越高，同时农户通过土地获得的经济收益越高，因此农户愿意花时间和精力去获取技术信息，同时对技术的认可度相对较高，认为技术使用比较便利并且适合当地使用。实际耕种面积对农户深松耕和秸秆还田技术认知的影响系数大于等高耕作技术，原因是深松耕和秸秆还田技术机械化水平较高，能够给经营规模大的农户提供便利的作业。耕种土地面积越大的农户，越愿意采用该项技术。在山西省吉县的农户深度访谈中发现，很多农户的耕种面积高达近百亩，农户认为秸秆还田的确存在一些缺陷，包括秸秆不易腐烂、影响作物出苗、病虫害增加等问题，但农户认为秸秆还田技术的优点大于缺点，适合当地使用。土地肥沃程度和灌溉条件对等高耕作和秸秆还田技术认知均有显著的正向影响，对深松耕技术认知影响不显著。土地越肥沃和具备灌溉条件的农户，认为土地质量好，耕种土地能够带来较高的收益，因此认为有必要了解一些技术信息，进而决定是否采用技术。耕地细碎化程度对等高耕作、深松耕和秸秆还田技术认知均有显著的负向影响。目前农用机械中沟垄播种机、深松机、小麦联合收割机、玉米联合收割机、秸秆还田机、覆膜机等只能在大的地块上进行作业，小型机械相对缺乏。因此土地细碎化程度越高，机械操作越不方便，农户认为技术在便利性和适用性方面越差。

社会资源禀赋方面，社会网络、社会信任、社会参与和社会声望对等高耕作和秸秆还田技术认知有正向影响，系数都通过了1%的显著性检验；社会资源禀赋各变量对深松耕技术认知的影响都不显著。在黄土高原地区，农户的耕地中坡地和梯田面积较大，多年来等高耕作技术在控制水土流失和提高农业产量上发挥了关键作用。农户的农业生产行为受到“熟人社会”的影响，农户从家人、亲朋好友、社区等个人关系的社会网络中获得信息和资源，社会网络规模越大，农户能够接触更多的资源和信息，获得更广泛的技术指

导和示范，提升了农户对等高耕作技术的认知。农户社会参与中参与村中集体活动如退耕还林、修建淤地坝、兴修水利等较多，农户通过社会参与能够从村中群体获得的技术信息多，提高了技术认知水平。社会信任减少了信息搜索的时间和风险，农户能够从周围人群获得可靠的技术信息。社会声望较高的农户往往是村中德高望重的老人，在实际调查中发现，这些老人多为60岁以上，经历过水土流失最为严重的时期，对等高耕作技术更为认可，同时社会声望高的农户的言论和行为会影响其他农户，其他农户在农业生产过程中会向他们请教。秸秆还田技术在20世纪90年代开始推广使用，最初只有少数农户采用，其他农户看到效果之后，才陆续采用。在调查中，问及农户最初如何知道秸秆还田技术时，农户回答看到别人采用，通过与采用户之间交流，认识到技术的优点。社会网络规模越大、社会信任程度越高、社会参与越多和社会声望越高，越能够从周围人群中获取技术信息，从而提高农户对秸秆还田效果的认可。

控制变量中，户主年龄对等高耕作和秸秆还田技术认知有显著的正向影响，对深松耕技术认知影响不显著。年龄越大的农户，对水土流失的风险认知更深刻，且多数人多年采用了等高耕作技术，对技术认知程度高。年龄越大的农户，虽然在农业生产中越谨慎，但秸秆还田技术在当地已采用多年，效果已经充分显现。年龄大的农户从事农业生产时间较长，对技术有充分的认知。深松耕技术比较新，老年农户较为保守，对新事物的接受度低，在调查中发现，老年农户对传统的翻耕疏松土地的作用认可。受教育程度对农户等高耕作技术认知有显著的负向影响，对深松耕技术认知有显著的正向影响，对秸秆还田技术认知影响不显著。受教育程度越高的农户，往往是年轻农户，他们文化程度高，获取技术信息的途径越多，对等高耕作技术控制水土流失的效果认可，但多数时间从事非农就业，对机械化水平较低的技术不认可，但他们更愿意采用机械化操作方便的技术如深松耕技术。深松耕是较新的技术，在政府的技术宣传、推广和培训中，受教育程度较高的农户，能够更好地理解技术信息，提高技术认知水平。户主是村干部对秸秆还田技术认知有显著的正向影响，对等高耕作和深松耕技术认知影响不显著。在秸秆还田技术推广中，村干部最先接触到技术信息，最先示范采用，对技术了解充分。家庭劳动力数量对等高耕作和秸秆还田技术的认知的影响通过了1%的显著性检验，且系数为正，且对等高耕作技术认知的影响系数较大。等高耕作技术需要投入更多的劳动力，家庭劳动力越多的农户认为技术使用越方便，适合自己采用。农户家庭劳动力在从事非农就业中，信息渠道广泛，认可秸秆还田技术的便利性和适用性。村庄到县城的距离对等高耕作、深松耕和秸秆还田技术的认知的影响通过了显著性检验，且系数为负。村庄较为偏远，获取技术信息相对不易，因此对技术认知程度低。同时机械购买费用高，不是所有村庄都有机械，加上交通不方便，偏远村庄机械化水平低，农户认为技术使用不方便、不容易掌握，进而认为技术不适合本地使用。

基于以上分析，假设1得到部分验证。

二、不同资源禀赋类型农户的水土保持技术认知分析

1. 不同资源禀赋类型农户的等高耕作技术认知分析

由表5-3的回归结果可知，不同资源禀赋类型农户的回归模型P值均通过了显著性检验，模型拟合效果良好。

表5-3 资源禀赋对不同类型农户等高耕作技术认知影响的回归结果

变量	经济占优型		自然占优型		社会占优型	
	系数	标准差	系数	标准差	系数	标准差
家庭总收入	-0.0942***	0.0221	-0.1434*	0.0891	-0.0044	0.0913
非农收入占比	0.1496	0.3376	-0.2843	0.2328	-0.2343	0.1786
收入来源	0.1884	0.6091	-0.6142	0.4814	0.5993	0.3977
实际耕种面积	0.1145***	0.0162	0.0817***	0.0194	0.0752***	0.0146
土地肥沃程度	0.1282	0.2504	0.2550	0.2613	0.0993	0.1903
耕地细碎化	-0.5311***	0.1498	-0.3886**	0.1558	-0.7876***	0.1442

续表

变量	经济占优型		自然占优型		社会占优型	
	系数	标准差	系数	标准差	系数	标准差
灌溉条件	1.1821**	0.5057	0.3310	0.5979	0.8455**	0.4365
社会网络	-0.2934	0.3136	1.1161***	0.3393	1.2741**	0.3130
社会信任	-0.1593	0.4305	0.3742	0.4388	1.7135***	0.3975
社会参与	1.0328**	0.4353	1.3535***	0.4909	1.1234***	0.4257
社会声望	1.0057***	0.3121	1.6401***	0.3160	0.1226	0.3191
年龄	0.0379*	0.0219	0.0509**	0.0231	0.0830***	0.0175
受教育程度	-0.1485	0.2613	-0.3488	0.2727	-0.2810	0.2154
村干部	0.3002	0.8016	0.4198	0.9583	0.7356	0.7345
劳动力	0.3096	0.1965	0.0853	0.2311	0.4936***	0.1718
合作社	0.0258	0.9718	-0.6991	0.7984	-0.5694	0.6756
村庄到县城的距离	-0.0433***	0.0165	-0.0725***	0.0146	-0.0879***	0.0133
常数项	1.4562	3.4586	-5.9133*	3.1415	-9.0775**	2.6992
Observations	413		366		458	
Adj R-squared	0.1808		0.2502		0.3198	
Prob>F	0.0000		0.0000		0.000	

注：***、**、*分别表示1%、5%和10%的显著性水平。

对于经济占优型农户，家庭总收入对等高耕作技术认知有负向影响，系数通过了1%的显著性检验。可能的原因是经济占优型农户，其经济资源禀赋得分明显高于自然资源禀赋得分和社会资源禀赋得分，家庭收入越高的农户，其收入更多来源于非农就业，虽然能够获取更多的信息，但对需要花费更多的时间和劳动的等高耕作技术认知度低。实际耕种面积和灌溉条件对等高耕作技术认知有正向影响，系数都通过了显著性检验；耕地细碎化程度对等高耕作技术认知有显著的负向影响。社会参与对等高耕作技术认知有正向影响，系数通过了5%的显著性检验；社会声望对等高耕作技术认知有正向影响，系数通过了1%的显著性检验。控制变量中，年龄对等高耕作技术认知有显著的正向影响；村庄到县城的距离对等高耕作技术的认知影响通过了

1%的显著性检验，且系数为负。对于自然占优型农户，家庭总收入对等高耕作技术认知有显著的负向影响。实际耕种面积对等高耕作技术认知有正向影响，系数通过了1%的显著性检验；耕地细碎化程度对等高耕作技术认知有显著的负向影响。社会网络、社会参与和社会声望都对农户技术认知有显著的正向影响，且影响系数较大，都通过了1%的显著性检验。控制变量中，村庄到县城的距离对等高耕作技术的认知影响通过了1%的显著性检验，且系数为负。对于社会占优型农户，实际耕种面积和灌溉条件对等高耕作技术认知有正向影响，系数都通过了显著性检验；耕地细碎化程度对等高耕作技术认知有显著的负向影响。社会网络、社会信任和社会参与都对农户技术认知有显著的正向影响，且影响系数较大，都通过了显著性检验。控制变量中，年龄对等高耕作技术认知有显著的正向影响；家庭劳动力数量对等高耕作技术的认知影响通过了1%的显著性检验，且系数为正；村庄到县城的距离对等高耕作技术的认知影响通过了1%的显著性检验，且系数为负。由此可见，不同类型的农户对等高耕作技术的认知有明显差异，假设2得到部分验证。

2. 不同资源禀赋类型农户的深松耕技术认知分析

由表5-4的回归结果可知，不同资源禀赋类型农户的回归模型P值均通过了显著性检验，模型拟合效果良好。

表5-4　资源禀赋对不同类型农户深松耕技术认知影响的回归结果

变量	经济占优型		自然占优型		社会占优型	
	系数	标准差	系数	标准差	系数	标准差
家庭总收入	-0.0038	0.0137	0.1401*	0.0762	0.0222	0.0848
非农收入占比	-0.0798	0.2093	-0.0990	0.1990	-0.3148**	0.1659
收入来源	1.2814***	0.3776	0.0480	0.4114	0.4175	0.3694
实际耕种面积	-0.0138	0.0101	0.0520***	0.0165	0.0368***	0.0136
土地肥沃程度	0.3713**	0.1552	0.0627	0.2233	-0.2194	0.1767
耕地细碎化	-0.0306	0.0929	-0.2519**	0.1331	-0.1367	0.1339

续表

变量	经济占优型		自然占优型		社会占优型	
	系数	标准差	系数	标准差	系数	标准差
灌溉条件	0.5288*	0.3135	0.0078	0.5110	-0.5296	0.4055
社会网络	-0.1494	0.1944	0.7441***	0.2900	-0.1917	0.2907
社会信任	-0.0323	0.2669	0.0310	0.3750	0.3800	0.3692
社会参与	0.0221	0.2698	-0.3447	0.4195	0.6989*	0.3954
社会声望	-0.2781	0.1935	0.1508	0.2701	-0.0526	0.2964
年龄	-0.0068	0.0136	-0.0042	0.0197	0.0006	0.0163
受教育程度	0.0526	0.1620	0.2142	0.2331	0.6097***	0.2000
村干部	0.9799**	0.4969	-0.1916	0.8190	0.7516	0.6822
劳动力	0.1045	0.1218	-0.2664	0.1975	-0.2382	0.1595
合作社	-0.9448	0.6024	-0.5325	0.6823	0.3583	0.6275
村庄到县城的距离	-0.0290***	0.0102	-0.0182	0.0124	-0.0315***	0.0124
常数项	8.1522***	2.1440	9.3345***	2.6848	6.8321***	2.5070
Observations	413		366		458	
Adj R-squared	0.0611		0.0327		0.0452	
Prob>F	0.0006		0.0366		0.0027	

注：***、**、*分别表示1%、5%和10%的显著性水平。

对于经济占优型农户，收入来源对农户深松耕技术认知有正向影响，系数通过了1%的显著性检验。对于经济占优型农户，家庭收入来源途径越多，说明家庭成员从事的职业越多，能够从不同途径获取技术信息，提升了技术认知。土地肥沃程度和灌溉条件对深松耕技术认知有显著的正向影响，土地肥沃和具备灌溉条件的农户，能够从农业生产中获得更高的收入，可以从土地中获得较多的收入，为了提高作物产量，对深松耕技术关注较多，能够认识到深松耕技术的优点。控制变量中，户主是村干部的农户，对深松耕技术认知水平较高，在技术推广过程中，村干部最先接触到技术，通过技术人员的帮助，提升了技术认知；同时，为了推广技术，村干部往往带头采用，在调查中发现，采用深松耕技术年限越久的农户，对技术的认可度越高。控制变量中，村庄到县城的距离对深松耕技术认知有显著的负向影响，系数通过了1%的显著性检验。对于自然占优型农户，家庭总收入对深松耕技术认知有显著的正向影响。自然占优型农户，家庭收入较多地来自农业生产，为了获得更高的收入，对深松耕技术关注较多，能够深刻体会到技术的优点。实际耕种面积对农户深松耕技术认知有正向影响，系数通过了1%的显著性检验；耕地细碎化程度对深松耕技术认知有显著的负向影响。社会网络对深松耕技术认知有显著的正向影响，系数通过了1%的显著性检验，农户的社会网络越大，网络强度越高，能够从日常交往中获取关于深松耕技术的信息，提升了技术认知。对于社会占优型农户，非农收入占比对深松耕技术认知有显著的负向影响，农户非农收入越高，在农业生产中投入的时间越少，对需要增加作业次数的深松技术认为不方便、不适合。实际耕种面积对农户深松耕技术认知有正向影响，系数通过了1%的显著性检验。社会参与对深松耕技术认知有显著的正向影响，农户参与社会事务越多，能够从村中群体获得的技术信息越多，从而提高了技术认知水平。控制变量中，受教育程度对深松耕技术认知有显著的正向影响，村庄到县城的距离对深松耕技术认知有显著的负向影响，且都通过了1%的显著性水平检验。由此可见，不同类型的农户对深松耕技术的认知有明显差异，假设2得到部分验证。

3. 不同资源禀赋类型农户的秸秆还田技术认知分析

由表5-5的回归结果可知，不同资源禀赋类型农户的回归模型P值均通过了显著性检验，模型拟合效果良好。

表5-5 资源禀赋对不同类型农户秸秆还田技术认知影响的回归结果

变量	经济占优型		自然占优型		社会占优型	
	系数	标准差	系数	标准差	系数	标准差
家庭总收入	0.0889***	0.0214	0.1708**	0.0890	0.1075	0.0894
非农收入占比	0.0268	0.3267	-0.2911	0.2324	0.2926*	0.1749

续表

变量	经济占优型		自然占优型		社会占优型	
	系数	标准差	系数	标准差	系数	标准差
收入来源	0.5542	0.5894	-0.7591	0.4806	0.5278	0.3896
实际耕种面积	0.1045***	0.0157	0.0778***	0.0193	0.0732***	0.0143
土地肥沃程度	0.4726**	0.2423	0.1648	0.2608	0.0885	0.1864
耕地细碎化	-0.5442***	0.1449	-0.3902***	0.1555	-0.7997***	0.1412
灌溉条件	1.5280***	0.4893	-0.1522	0.5969	0.9208*	0.4276
社会网络	0.0507	0.3035	1.0626***	0.3387	1.2165***	0.3065
社会信任	0.8274**	0.4166	0.2472	0.4380	1.6949***	0.3894
社会参与	1.3109***	0.4212	1.1963**	0.4901	1.1942***	0.4169
社会声望	1.8399***	0.3020	1.5325***	0.3155	0.1135	0.3125
年龄	0.0300	0.0212	0.0522**	0.0230	0.0887***	0.0171
受教育程度	-0.1210	0.2528	-0.2538	0.2722	-0.2591	0.2109
村干部	0.8769	0.7757	0.3332	0.9567	0.6763	0.7194
劳动力	0.1868	0.1902	0.0188	0.2307	0.4710***	0.1682
合作社	-1.1624	0.9404	-0.6476	0.7970	-0.5305	0.6617
村庄到县城的距离	-0.0185	0.0160	-0.0739***	0.0145	-0.0877***	0.0131
常数项	-7.7921***	3.3468	-4.6960	3.1361	-9.2345***	2.6438
Observations	413		366		458	
Adj R-squared	0.2992		0.2595		0.3371	
Prob>F	0.0000		0.0000		0.0000	

注：***、**、*分别表示1%、5%和10%的显著性水平。

对于经济占优型农户，家庭总收入对农户秸秆还田技术认知有正向影响，系数通过了1%的显著性检验。实际耕种面积、土地肥沃程度和灌溉条件对农户秸秆还田技术认知有正向影响，系数都通过了显著性检验；耕地细碎化程度对农户技术认知有负向影响，系数通过了1%的显著性检验。社会信任、社会参与和社会声望都对秸秆还田技术认知有正向影响，系数都通过了显著性检验。对于自然占优型农户，家庭总收入对农户技术认知有正向影响，系数通过了5%的显著性检验。实际耕种面积对农户秸秆还田技术认知有正向影响，系数通过了1%的显著性检验；耕地细碎化程度对农户技术认知有负向影响，系数通过了1%的显著性检验。社会网络、社会参与和社会声望都对秸秆还田技术认知有正向影响，系数都通过了显著性检验。控制变量中，年龄对秸秆还田技术认知有显著的正向影响；村庄到县城的距离对秸秆还田技术认知有显著的负向影响。对于社会占优型农户，非农收入占比对农户技术认知有正向影响，系数通过了显著性检验。实际耕种面积和灌溉条件对农户秸秆还田技术认知有正向影响；耕地细碎化程度对农户技术认知有负向影响，系数通过了1%的显著性检验。社会网络、社会信任和社会参与都对秸秆还田技术认知有正向影响，系数都通过了1%的显著性检验。控制变量中，年龄和家庭劳动力数量对秸秆还田技术认知有显著的正向影响；村庄到县城的距离对秸秆还田技术认知有显著的负向影响。由此可见，不同类型的农户对秸秆还田技术的认知有明显差异，假设2得到部分验证。

第五节　本章小结

本章以山西、陕西和甘肃三省1237户农户数据为例，运用多元线性回归模型考察资源禀赋对农户水土保持技术认知的影响以及不同资源禀赋类型农户的差异，并利用有序Probit模型对回归结果进行稳健性检验，主要研究结论如下：

（1）资源禀赋对农户水土保持技术认知有显著的影响，对农户等高耕作、深松耕和秸秆还田技术的认知影响有明显差异。经济资源禀赋中，家庭总收入和非农收入占比对等高耕作和深松耕技术认知有显著的负向影响，对秸秆还田技术认知有显著的正向影响。自然资源禀赋方面，实际耕种面积对等高耕作、深松耕和秸秆还田技术认知均有显著的正向影响。土地肥沃程度

和灌溉条件对等高耕作和秸秆还田技术认知均有显著的正向影响，对深松耕技术认知影响不显著。耕地细碎化程度对等高耕作、深松耕和秸秆还田技术认知均有显著的负向影响。社会资源禀赋中，社会网络、社会信任、社会声望和社会参与对等高耕作和秸秆还田技术认知有正向影响，对深松耕技术认知的影响都不显著。

（2）不同类型的农户对等高耕作技术的认知有明显差异，资源禀赋对不同类型农户的影响有显著区别。对于经济占优型农户，家庭总收入对等高耕作技术认知有负向影响；实际耕种面积和灌溉条件对等高耕作技术认知有正向影响，耕地细碎化程度对等高耕作技术认知有显著的负向影响。社会声望和社会参与对等高耕作技术认知有正向影响。对于自然占优型农户，家庭总收入对等高耕作技术认知有显著的负向影响；实际耕种面积对等高耕作技术认知有正向影响，耕地细碎化程度对等高耕作技术认知有显著的负向影响；社会网络、社会声望和社会参与对农户技术认知有显著的正向影响。对于社会占优型农户，实际耕种面积和灌溉条件对等高耕作技术认知有正向影响，耕地细碎化程度对等高耕作技术认知有显著的负向影响；社会网络、社会信任和社会参与对农户技术认知有显著的正向影响。

（3）不同类型的农户对深松耕技术的认知有明显差异，资源禀赋对不同类型农户的影响有显著区别。对于经济占优型农户，收入来源对农户深松耕技术认知有正向影响；土地肥沃程度和灌溉条件对深松耕技术认知有显著的正向影响。对于自然占优型农户，家庭总收入对深松耕技术认知有显著的正向影响；实际耕种面积对农户深松耕技术认知有正向影响，耕地细碎化程度对深松耕技术认知有显著的负向影响；社会网络对深松耕技术认知有显著的正向影响。对于社会占优型农户，非农收入占比对深松耕技术认知有显著的负向影响；实际耕种面积对农户深松耕技术认知有正向影响；社会参与对深松耕技术认知有显著的正向影响。

（4）不同类型的农户对秸秆还田技术的认知有明显差异，资源禀赋对不同类型农户的影响有显著区别。对于经济占优型农户，家庭总收入对农户技术认知有正向影响；实际耕种面积、土地肥沃程度和灌溉条件对农户秸秆还田技术认知有正向影响，耕地细碎化程度对农户技术认知有负向影响；社会信任、社会声望和社会参与都对秸秆还田技术认知有正向影响。对于自然占优型农户，家庭总收入对农户技术认知有正向影响；实际耕种面积对农户秸秆还田技术认知有正向影响，耕地细碎化程度对农户技术认知有负向影响；社会网络、社会声望和社会参与都对秸秆还田技术认知有正向影响。对于社会占优型农户，非农收入占比对农户技术认知有正向影响；实际耕种面积和灌溉条件对农户秸秆还田技术认知有正向影响，耕地细碎化程度对农户技术认知有负向影响；社会网络、社会信任和社会参与都对秸秆还田技术认知有正向影响。

第六章　资源禀赋对农户水土保持技术采用意愿的影响

中共中央、国务院印发的《乡村振兴战略规划（2018—2022 年）》中指出，要推进水土流失治理，要求尊重农民意愿，切实发挥农民主体作用，避免代替农民选择。在水土保持措施中，农户能够主动选择的主要是水土保持耕作技术。农户将其应用在农业生产中，与传统耕作技术相比，显著减少了径流冲刷，改良了土壤，增加了农业产量。因此，在生态文明建设中，应用和推广水土保持技术，成为治理水土流失的必然选择。在我国农村地区，多数青壮年都外出务工，“386199”部队现象在农村普遍存在，从事农业生产的老龄化问题严重。这些群体对水土流失问题关注度较低，对采用水土保持技术的积极性不高，采用意愿在不同农户之间差异明显。一些地区虽然有成熟的水土保持技术，政府也进行了技术推广，但农户采用意愿不高。重视农户水土保持技术采用意愿，分析探讨资源禀赋对农户水土保持技术采用意愿的影响，可以为水土保持技术的进一步推广提供科学依据。研究成果是对水土保持技术采用理论与实践的丰富和完善，有助于政府及有关部门充分地掌握农民水土保持技术的意愿及其关键性影响因素，并通过制定和实施相关政策措施，进一步提高水土保持技术采用率，进而控制水土流失，改善生态环境。

基于此，本章在第四章资源禀赋指标测度的基础上，运用二元 Logit 模型分析农户水土保持技术采用意愿，考察资源禀赋水平对农户技术采用意愿的影响；同时按照资源禀赋结构划分讨论不同类型农户技术采用意愿的差异及其影响因素；根据计划行为理论，将农户技术认知作为中介变量，分析其对农户水土保持技术采用意愿的影响。为针对性采取措施达到促进农户水土保持技术采用的目的。

第一节　理论分析与研究假设

意愿是主体对客体的看法或态度，是属于个人主观性心理。农户水土保持技术采用意愿是农户在获取技术相关信息后，综合考虑自身因素，所产生的是否采用技术的意向或态度。计划行为理论认为，农户在有技术采用意愿的前提下，才会做出技术采用决策行为。目前对水土保持技术采用意愿的研究中，农户参与退耕还林意愿的研究较多。农户参与退耕还林这类水土保持工程措施的意愿，一方面受到自身社会经济特征的影响，包括个人特征（如性别、年龄、受教育程度等）（冯琳等，2013）、家庭特征（如收入、兼业程度、劳动力数量等）（Liang et al.，2012）、社会规范（Chen et al.，2009）等。另一方面，农户还会考虑参与退耕还林的成本，包括机会成本、风险成本、交易成本等（Milder et al.，2010；Engel et al.，2008；曹世雄等，2009）。除此之外，外部的因素，如土地产权、政府生态补偿标准和形式等也会影响农户的参与意愿（Engel et al.，2008）。在已有的研究中，学者们对水土保持中的退耕还林意愿及其影响因素的研究进行了多方面的论证，为本书的研究奠定了基础，但还有可以拓展的空间。首先，在水土保持技术研究中，没有学者专门针对水土保持技术的农户采用意愿进行相关研究。其次，在农户个人特征对技术采用意愿分析中，多数研究忽视了不同农户群体样本的采用意愿差异。特别是随着经济社会发展，我国农村务农劳动力的分化十分明显，务农主体特征有显著差异，不同农户之间在耕作方式和技术选择上存在明显差异（陈英等，2013）。根据上述分析，本章提出以下假设：

假设3：资源禀赋对农户水土保持技术采用意愿有显著影响。

假设4：不同资源禀赋类型农户的水土保持技术采用意愿差异明显。

假设5：技术认知在资源禀赋影响农户水土保持技术采用意愿中发挥正向中介作用。

第二节 变量说明与描述性统计

本章的因变量为农户水土保持技术采用意愿，包括农户对等高耕作、深松耕和秸秆还田技术的采用意愿，通过“是否愿意采用该项技术”来测度，因变量的描述性统计见第三章第三节。经济占优型、自然占优型和社会占优型农户对等高耕作、深松耕及秸秆还田技术采用意愿有明显差异。

解释变量选取中，根据第四章农户资源禀赋测度结果，在资源禀赋水平方面选择经济资源禀赋、自然资源禀赋和社会资源禀赋作为核心变量；在资源禀赋结构方面，按照农户经济资源禀赋、自然资源禀赋和社会资源禀赋得分结果将农户分为经济占优型、自然占优型和社会占优型，分别讨论不同类型农户对水土保持技术的认知（具体描述性统计见第四章第二节和第三节）。同时，将技术认知作为中介变量，分析其对农户水土保持技术采用意愿的影响。为避免其他可能影响农户水土保持技术认知因素的干扰，在农户水土保持技术认知模型中，加入户主个人特征、农户家庭特征和村庄特征三类控制变量。其中，户主个人特征包括年龄、受教育程度和是否村干部三个变量；农户家庭特征包括家庭劳动力的数量和是否加入农机合作社两个变量；村庄特征通过村庄到县城的距离来体现（见表5-1）。

第三节 模型构建

根据计划行为理论，在分析资源禀赋对农户水土保持技术采用意愿的影响时，同时考虑技术认知作为中介作用。因此，本章构建农户水土保持技术采用意愿的分层回归模型。

$$Y=\alpha X+\varepsilon_1 \tag{6-1}$$

$$M=\beta X+\varepsilon_2 \tag{6-2}$$

$$Y=\alpha' X+\lambda M+\varepsilon_3 \tag{6-3}$$

模型中，Y 代表水土保持技术采用，X 代表资源禀赋，M 代表中介变量技术认知。首先检验资源禀赋的直接效应，对应式（6-1）中的 α，当 α 显著时进行第二步检验，否则检验停止。第二步检验技术认知的中介效应，对应式（6-2）和式（6-3）中的 β 和 λ，当两者都显著时，进行第三步检验；如果 β 和 λ 中至少一个不显著时，需要进行 sobel 检验，若统计量 z 值显著，则中介效应存在，值为 $\beta\lambda$，若统计量 z 值不显著，则中介效应不存在。第三步检验 α'，如果不显著，则技术认知 M 为完全中介，如果显著，$\alpha'<\alpha$，则技术认知 M 为部分中介。

本章农户水土保持技术采用意愿，由调查中要求农户回答“是否愿意采用该项技术”一题。回答结果为 0-1 变量，0 为不愿意采用该技术，1 为愿意采用该技术，故选用经典的二元 Logit 模型进行分析。并用如下公式进行参数估计：

$$\text{Logit}(p)=b_0+b_1x_1+b_2x_2+\cdots+b_nx_n \tag{6-4}$$

式（6-4）中，p 为回归方程中愿意采用某项技术的概率；b_0 为常数项；b_1，b_2，…，b_n 为待估计参数；x_1，x_2，…，x_n 为解释变量，包括自变量（农户经济资源禀赋、自然资源禀赋和社会资源禀赋各因素）和控制变量

（包括户主个人特征、家庭特征和村庄特征）。

第四节　实证结果与分析

本章利用 stata 15.0 软件对资源禀赋和技术认知对农户水土保持技术采用意愿的影响以及不同资源禀赋类型农户的差异进行检验。在分层回归过程中，式（6-2）资源禀赋对技术认知的影响结果见第五章第四节。

一、资源禀赋和技术认知对农户水土保持技术采用意愿的影响

由表 6-1 的回归结果可知，资源禀赋的回归模型 P 值均通过了显著性检验，模型拟合效果良好。模型 1、模型 3 和模型 5 分别表示资源禀赋对等高耕作、深松耕和秸秆还田技术采用意愿的直接作用；模型 2、模型 4 和模型 6 分别表示加入技术认知中介变量后，资源禀赋和技术认知对等高耕作、深松耕和秸秆还田技术采用意愿的影响。

1. 资源禀赋对农户水土保持技术采用意愿的影响

根据模型 2、模型 4 和模型 6 的回归结果可知，经济资源禀赋中，家庭总收入和非农收入占比对深松耕技术采用意愿有显著的负向影响，对秸秆还田技术采用意愿有显著的正向影响，对等高耕作技术采用意愿的影响不显著。在调查中发现，采用了深松耕技术的农户，一般每两年对土地进行深松耕一次，每年需要在种植作物前翻耕土地一次。对于家庭收入较高和非农收入占比高的农户而言，深松耕虽然机械化水平较高，但增加了作业的次数，另外还需要进行除草和病虫害防治，不愿在农业投入太多的精力，宁愿采用传统的旋耕作业方式，因此其技术采用意愿较低。目前秸秆还田是水土保持技术中使用最为便利的技术，但同时农户也反映租用机械进行秸秆还田的费用越来越高，一些地区每亩地秸秆还田费用高达 100 元。因此农户在进行秸秆还田技术选择时，首先要考虑其经济承受能力，家庭收入越高，非农收入占比

越大，农户对秸秆还田技术经济投入的负担越小，越倾向于采用技术。在粮食价格低迷的现状下，只有家庭收入高的农户才愿意承担采用秸秆还田技术的费用。一些收入较低的家庭，宁愿人工将秸秆回收作为燃料或牲畜饲料。

自然资源禀赋中，实际耕种面积对农户等高耕作和秸秆还田技术采用意愿有显著的正向影响，对深松耕技术采用意愿影响不显著。在调查中发现，农户对等高耕作技术提高产量和增加收入的效果比较认同，农户实际耕种面积越大，从农业生产中获得的收入越高，愿意采用等高耕作技术。秸秆还田技术能够节约劳动时间，对实际耕种面积较大的农户，以玉米种植户为例，传统人工收获玉米后，砍倒秸秆并将秸秆回收，需要大量的劳动力和劳动时间投入。为了节约劳动时间，农户愿意采用秸秆还田技术。另外，作物秸秆中含有很多有机物质，通过粉碎还田，并腐烂后，可以转化为有机肥料，这样既可以改善土壤理化性状，又能节约肥料投入。耕地细碎化程度对深松耕和秸秆还田技术采用意愿有显著的负向影响，对等高耕作技术采用意愿影响不显著。目前深松耕和秸秆还田中主要是大型机械，耕地过于细碎化不利于机械进地。在调查中发现，一般小块细碎的耕地往往都是种植粮食作物，大块耕地一般可以种植经济作物。种植粮食作物收入较低，农户普遍认为即使是在风调雨顺的年份，粮食作物每亩的净收益不超过 300 元，而使用深松机械每亩地需要 50 元左右的费用，秸秆还田每亩地需要 100 元左右的费用，加上农户习惯了传统的旋耕方式，因此不愿意采用深松耕技术。灌溉条件对深松耕技术采用意愿有显著的正向影响，对等高耕作和秸秆还田技术采用意愿不显著。耕地有具备灌溉条件的农户，一般粮食作物产量有保障，亩产较高，愿意承担额外的深松费用；具备灌溉条件的耕地一般为平地，政府投入修建水利设施，同时银行贷款支持农户种植经济作物，如蔬菜，农户土地收益较高，同时为了提高耕地质量和作物产量，愿意采用深松耕技术。

社会资源禀赋中，社会信任、社会声望和社会参与对深松耕和秸秆还田技术采用意愿有正向影响，系数均通过了 1% 的显著性检验。农户社会信任

是农户在与他人交往中建立的依赖关系，农户从周围人群中获取技术信息，社会信任程度越高，农户对信息越信赖，愿意相信或听从他人的建议。社会参与能够使农户更好地融入群体，获取更多的社会资源、信息等。社会声望越高，其在村中的地位越高，其决策对他人的影响越大，同时能够掌握更多的资源。采用了深松耕和秸秆还田技术的农户在感受到技术的便利性后，认为技术适合本地，将这些技术信息分享给周围的农户，激发了农户的技术采用意愿。特别是目前秸秆还田技术在农业生产中采用较多，农户受到周围人群的影响，其行为的模仿效应明显。

控制变量中，村庄到县城的距离对深松耕技术采用意愿有显著的负向影响。村庄较为偏远，获取技术信息相对不易，因此对技术认知程度低。同时机械购买费用高，不是所有村庄都有机械，加上交通不方便，偏远村庄机械化水平低，农户不愿意采用技术。加入农机合作社对秸秆还田技术采用意愿有正向影响，系数通过了1%的显著性检验。加入农户合作社的农户更加深刻地认识到秸秆还田技术的便利性和经济效益，因此采用意愿较为强烈。

由此，假设3得到部分验证，资源禀赋对农户水土保持技术采用意愿有显著影响。

2. 技术认知的中介效应

对于等高耕作技术，从资源禀赋的直接效应看，根据模型1的回归结果可知，只有自然资源禀赋中的实际耕种面积对等高耕作技术采用意愿有显著的正向影响，系数为0.0202。资源禀赋对中介变量技术认知的影响中，根据表5-2的回归结果可知，经济资源禀赋中，家庭总收入和非农收入占比对等高耕作技术认知有显著的负向影响；自然资源禀赋方面，实际耕种面积、土地肥沃程度和灌溉条件对农户等高耕作技术认知有显著的正向影响，耕地细碎化程度对农户技术认知有显著的负向影响；社会资源禀赋方面，社会网络、社会信任、社会参与和社会声望都对农户技术认知有显著的正向影响。根据模型2的回归结果可知，实际耕种面积和技术认知对等高耕作技术采用意愿有显著的正向影响。根据模型构建中的检验步骤，这里只检验实际耕种面积在技术认知中介作用下对等高耕作技术采用意愿的影响。模型 2 中实际耕种面积对等高耕作技术采用意愿的影响系数为 0.0160，系数变小，因此技术认知为部分中介。

对于深松耕技术，从资源禀赋的直接效应看，根据模型 3 的回归结果可知，经济资源禀赋方面，家庭总收入和非农收入占比对深松耕技术采用意愿有负向影响，系数分别为-0.1795 和-0.2498；自然资源禀赋方面，耕地细碎化程度对深松耕技术采用意愿有负向影响，系数为-0.6248，灌溉条件对深松耕技术采用意愿有显著的正向影响，系数为 0.4038；社会资源禀赋方面，社会信任、社会参与和社会声望对深松耕技术采用意愿有正向影响，系数分别为 0.6171、0.4698 和 0.2991。资源禀赋对中介变量技术认知的影响中，根据表 5-2 的回归结果可知，经济资源禀赋中，家庭总收入和非农收入占比对深松耕技术认知有显著的负向影响；自然资源禀赋中，实际耕种面积对农户深松耕技术认知有正向影响，耕地细碎化程度对深松耕技术认知有显著的负向影响。根据模型 4 的回归结果可知，经济资源禀赋方面，家庭总收入和非农收入占比对深松耕技术采用意愿有负向影响；自然资源禀赋方面，耕地细碎化程度对深松耕技术采用意愿有负向影响，灌溉条件对深松耕技术采用意愿有显著的正向影响；社会资源禀赋方面，社会信任、社会声望和社会参与对深松耕技术采用意愿有正向影响。根据模型构建中的检验步骤，对技术认知在灌溉条件、社会信任、社会参与和社会声望对深松耕技术采用意愿的中介效应进行 sobel 检验，结果发现 z 值分别为 0.0837、1.3081、1.0361 和 0.6916，P 值分别为 0.9333、0.1908、0.3002 和 0.4892，都未通过显著性检验，因此技术认知在灌溉条件、社会信任、社会参与和社会声望对深松耕技术采用意愿的中介效应不存在。最后检验技术认知在家庭总收入、非农收入占比和耕地细碎化程度影响深松耕技术采用意愿的中介效应。模型 4 中家庭总收入、非农收入占比和耕地细碎化程度对深松耕技术采用意愿的影响系数

分别为-0.1757、-0.2417和-0.6233，系数绝对值变小，因此技术认知为部分中介。

对于秸秆还田技术，从资源禀赋的直接效应看，根据模型5的回归结果可知，经济资源禀赋方面，家庭总收入和非农收入占比对秸秆还田技术采用意愿有显著的正向影响，系数分别为0.0718和0.1953；自然资源禀赋方面，实际耕种面积对秸秆还田技术采用意愿有显著的正向影响，系数为0.0184，耕地细碎化程度对秸秆还田技术采用意愿有负向影响，系数为-0.4018；社会资源禀赋方面，社会信任、社会参与和社会声望对深松耕技术采用意愿有正向影响，系数分别为0.5657、0.4181和0.3321。资源禀赋对中介变量技术认知的影响中，根据表5-2的回归结果可知，经济资源禀赋中，家庭总收入和非农收入占比对秸秆还田技术认知有显著的正向影响；自然资源禀赋方面，实际耕种面积、土地肥沃程度和灌溉条件对农户秸秆还田技术认知有显著的正向影响，耕地细碎化程度对农户技术认知有显著的负向影响；社会资源禀赋方面，社会网络、社会信任、社会参与和社会声望都对农户技术认知有显著的正向影响。根据模型6的回归结果可知，家庭总收入、非农收入占比、实际耕种面积、耕地细碎化、社会信任、社会参与和社会声望对秸秆还田采用意愿的影响系数分别为0.0714、0.1951、0.0182、-0.4004、0.5638、0.4159和0.3294，系数的绝对值较模型5都变小，因此技术认知在家庭总收入、非农收入占比、实际耕种面积、耕地细碎化、社会信任、社会参与和社会声望影响秸秆还田采用意愿中发挥中介作用，且为部分中介。

由此，假设5得到部分验证，技术认知在资源禀赋影响农户水土保持技术采用意愿中发挥正向中介作用。

二、不同资源禀赋类型农户水土保持技术采用意愿分析

1. 不同资源禀赋类型农户的等高耕作技术采用意愿分析

由表6-2的回归结果可知，不同资源禀赋类型农户的回归模型P值均通过了显著性检验，模型拟合效果良好。模型7、模型9和模型11分别表示资

表 6-1　资源禀赋、技术认知对农户水土保持技术采用意愿影响的回归结果

变量	等高耕作				深松耕				秸秆还田			
	模型 1		模型 2		模型 3		模型 4		模型 5		模型 6	
	系数	标准差	系数	标准差	系数	标准差	系数	标准差	系数	标准差	系数	标准差
家庭总收入	-0.0089	0.0123	-0.0018	0.0114	-0.1795***	0.0207	-0.1757***	0.0207	0.0718***	0.0182	0.0714***	0.0185
非农收入占比	-0.0170	0.0646	-0.0071	0.0651	-0.2498***	0.0706	-0.2417***	0.0708	0.1953***	0.0626	0.1951***	0.0629
收入来源	-0.0815	0.1464	-0.0780	0.1468	0.2521	0.1611	0.2327	0.1621	-0.0324	0.1401	-0.0322	0.1401
实际耕种面积	0.0202***	0.0048	0.0160***	0.0049	0.0026	0.0052	0.0014	0.0053	0.0184***	0.0055	0.0182***	0.0057
土地肥沃程度	0.0051	0.0721	-0.0069	0.0722	-0.0600	0.0741	-0.0666	0.0744	-0.0325	0.0686	-0.0331	0.0687
耕地细碎化	-0.0044	0.0457	0.0216	0.0460	-0.6248***	0.0581	-0.6233***	0.0582	-0.4018***	0.0492	-0.4004***	0.0503
灌溉条件	-0.1851	0.1593	-0.1445	0.1604	0.4038**	0.1630	0.3994**	0.1632	0.1446	0.1480	0.1468	0.1488
社会网络	0.0172	0.1031	0.1297	0.1030	0.1285	0.1034	0.1173	0.1037	0.0926	0.0946	0.0909	0.0954
社会信任	-0.1355	0.1315	-0.1773	0.1325	0.6171***	0.1374	0.6145***	0.1377	0.5657***	0.1258	0.5638***	0.1266
社会参与	0.0900	0.1400	0.0366	0.1415	0.4698***	0.1420	0.4646***	0.1420	0.4181***	0.1309	0.4159***	0.1319
社会声望	0.0240	0.0756	-0.0466	0.0797	0.2991***	0.0813	0.2988***	0.0816	0.3321***	0.0741	0.3294***	0.0767
年龄	-0.0014	0.0065	-0.0049	0.0067	0.0082	0.0067	0.0089	0.0068	0.0075	0.0061	0.0074	0.0062
受教育程度	-0.0677	0.0781	-0.0521	0.0782	0.0681	0.0800	0.0557	0.0802	0.0811	0.0748	0.0815	0.0749
村干部	-0.0946	0.2618	-0.1244	0.2624	0.2115	0.2709	0.1846	0.2716	0.1701	0.2497	0.1681	0.2501

续表

变量	等高耕作				深松耕				秸秆还田			
	模型 1		模型 2		模型 3		模型 4		模型 5		模型 6	
	系数	标准差	系数	标准差	系数	标准差	系数	标准差	系数	标准差	系数	标准差
劳动力	-0.0447	0.0623	-0.0631	0.0630	0.0208	0.0649	0.0246	0.0650	0.0368	0.0593	0.0362	0.0594
合作社	0.2187	0.2415	0.2411	0.2428	0.0501	0.2704	0.0523	0.2723	0.7803***	0.2516	0.7816***	0.2518
村庄到县城的距离	-0.0068	0.0048	-0.0032	0.0050	-0.0092**	0.0046	-0.0082*	0.0047	-0.0060	0.0043	-0.0058	0.0044
技术认知	—	—	0.0527***	0.0159	—	—	0.0440**	0.0199	—	—	0.0221***	0.0149
常数项	-1.1850	0.8713	-0.8691	0.8747	-3.3438***	0.9085	-3.7105***	0.9256	-5.9789***	0.8638	-5.9642***	0.8703
Observations	1237		1237		1237		1237		1237		1237	
Pseudo R^2	0.0200		0.0280		0.2220		0.2250		0.1339		0.1339	
LR chi^2	28.06		39.27		365.40		370.28		227.01		227.03	

注：***、**、*分别表示1%、5%和10%的显著性水平。

表 6-2　不同资源禀赋类型农户等高耕作技术采用意愿的回归结果

变量	经济占优型				自然占优型				社会占优型			
	模型 7		模型 8		模型 9		模型 10		模型 11		模型 12	
	系数	标准差	系数	标准差	系数	标准差	系数	标准差	系数	标准差	系数	标准差
家庭总收入	-0.0056	0.0139	0.0031	0.0127	-0.1163**	0.0556	-0.1101*	0.0565	0.0298	0.0556	0.0296	0.0559
非农收入占比	-0.1306	0.1801	-0.1419	0.1812	0.0188	0.1253	0.0292	0.1266	-0.0791	0.1071	-0.0718	0.1077
收入来源	-0.7638**	0.3439	-0.7337**	0.3568	0.3917	0.2548	0.4164	0.2563	-0.0407	0.2363	-0.0572	0.2373
实际耕种面积	0.0100	0.0082	0.0007	0.0091	0.0240**	0.0097	0.0199**	0.0098	0.0297***	0.0088	0.0278***	0.0090
土地肥沃程度	0.1471	0.1365	0.1401	0.1390	-0.0350	0.1449	-0.0455	0.1448	-0.0850	0.1145	-0.0874	0.1146
耕地细碎化	-0.1383	0.0883	-0.0914	0.0883	0.0623	0.0808	0.0808	0.0813	0.0398	0.0839	0.0582	0.0865
灌溉条件	-0.4143	0.2873	-0.3201	0.2934	-0.0810	0.3331	-0.0910	0.3358	-0.0682	0.2637	-0.0462	0.2651
社会网络	0.1857	0.1771	0.2044	0.1773	-0.0131	0.1841	-0.0755	0.1870	0.3899	0.2079	0.3487	0.2108
社会信任	-0.1752	0.2311	-0.1567	0.2343	0.1595	0.2346	0.1422	0.2366	-0.3049	0.2447	-0.3396	0.2479
社会参与	0.1107	0.2404	0.0237	0.2465	0.4700*	0.2820	0.3914	0.2837	-0.0901	0.2633	-0.1161	0.2653
社会声望	0.0904	0.1707	0.0079	0.1802	0.3217*	0.1769	0.2289	0.1860	-0.2908	0.1924	-0.2900	0.1922
年龄	0.0097	0.0120	0.0062	0.0123	-0.0113	0.0124	-0.0153	0.0128	-0.0052	0.0105	-0.0074	0.0109
受教育程度	-0.1401	0.1410	-0.1291	0.1416	-0.0475	0.1472	-0.0306	0.1480	0.0023	0.1300	0.0074	0.1300
村干部	0.2170	0.4150	0.1740	0.4200	-0.6649	0.5840	-0.6762	0.5844	-0.1462	0.4632	-0.1607	0.4637

续表

变量	经济占优型				自然占优型				社会占优型			
	模型 7		模型 8		模型 9		模型 10		模型 11		模型 12	
	系数	标准差	系数	标准差	系数	标准差	系数	标准差	系数	标准差	系数	标准差
劳动力	0.0766	0.1041	0.0547	0.1056	-0.3411**	0.1442	-0.3522**	0.1461	0.0128	0.1019	0.0003	0.1032
合作社	0.9631**	0.4991	0.9800*	0.5085	-0.3492	0.4617	-0.3503	0.4671	0.2087	0.3866	0.2188	0.3880
村庄到县城的距离	-0.0002	0.0089	0.0036	0.0092	-0.0078	0.0085	-0.0035	0.0089	-0.0146*	0.0086	-0.0125	0.0090
技术认知	—	—	0.0835***	0.0276	—	—	0.0524*	0.0294	—	—	0.0252	0.0297
常数项	-0.4538	1.8647	-0.5196	1.8747	-3.5192**	1.7810	-3.0514*	1.7870	0.7094	1.6377	0.9319	1.6592
Observations	413		413		366		366		458		458	
Pseudo R^2	0.0419		0.0624		0.0815		0.0493		0.0692		0.0507	
LR chi^2	19.16		28.53		25.63		28.85		26.30		27.02	

注：***、**、*分别表示1%、5%和10%的显著性水平。

源禀赋对经济占优型、自然占优型和社会占优型农户等高耕作技术采用意愿的直接作用；模型8、模型10和模型12分别表示加入技术认知中介变量后，资源禀赋和技术认知对经济占优型、自然占优型和社会占优型农户等高耕作技术采用意愿的影响。

不同类型的农户对等高耕作技术的采用意愿有明显差异，资源禀赋对不同类型农户的影响有显著区别。对于经济占优型农户，收入来源途径对等高耕作技术采用有显著的负向影响。经济占优型农户，其经济资源禀赋得分明显高于自然资源禀赋和社会资源禀赋得分，收入来源途径多的农户，对土地和农业收入的依赖性较弱，加上等高耕作技术相对缺乏配套的机械，农户不愿意花费过多的时间，因此技术采用意愿较低。控制变量中，加入农机合作社对等高耕作技术采用有正向影响，系数通过了5%的显著性水平检验。一般加入农机合作社的农户都拥有农用机械，包括播种机、旋耕机、深松机械、秸秆粉碎还田机等，虽然等高耕作机械化水平较低，但可以仍然有一些适用的小型农用机械，如手扶式犁田机、微耕机等。加入农机合作社的农户，往往比较关注适用于等高耕作技术的农用机械，购买并投入生产中。在陕西省安塞区的调查中，参与小流域治理的农户认为等高耕作技术控制水土流失的作用非常突出，在目前小型机械研发和推广的条件下，愿意采用等高耕作技术。对于自然占优型农户，家庭总收入对等高耕作技术采用有显著的负向影响。家庭收入较高的农户，一般主要的收入来源于非农就业，农业收入在家庭收入中所占比重低，农业生产的机会成本高，对于机械化水平较低的等高耕作技术不愿意采用。实际耕种面积对农户等高耕作技术采用意愿有正向影响，系数通过了5%的显著性水平检验。社会声望和社会参与对农户等高耕作技术采用意愿有显著正向影响。在黄土高原地区，农户社会参与村中集体活动如退耕还林、修建淤地坝、兴修水利等较多，能够深刻认识到水土保持技术的经济效益和社会效益；另外在参与村中其他个人事务中，能够获取到更多的技术信息，从而提高等高耕作技术采用意愿。社会声望较高的农户，

往往是村中德高望重的老年人，特别是60岁以上的人群，参与了20世纪七八十年代的修筑梯田，对梯田及配套的等高耕作技术在控制水土流失中的作用比较肯定。与年轻人相比，他们关注农业生产，关注粮食产量，不愿意撂荒梯田，等高耕作技术采用意愿强。在对陕西省安塞区化子坪镇几位德高望重的老人的深度访谈中，发现年龄较大的农户对20世纪60年代大面积开垦荒山和广种薄收的印象很深刻，当时水土流失非常严重，温饱问题表现突出，在陡坡地种植了农作物，结果收获的粮食不如播种的种子多；20世纪七八十年代机修梯田和等高耕作技术解决了农民的温饱问题，这些农户到目前依然愿意采用等高耕作技术。控制变量中，家庭劳动力数量对农户等高耕作技术采用意愿有显著的负向影响，劳动力多的家庭，实际上投入农业劳动的人数很少，多数劳动力外出务工，不愿意采用等高耕作技术。对于社会占优型农户，实际耕种面积对农户等高耕作技术采用意愿有正向影响，系数通过了1%的显著性水平检验。控制变量中，村庄到县城的距离对农户等高耕作技术采用意愿有显著的负向影响，距离城市近的村庄，农户在就近务工或经营的同时，会兼顾农业生产；偏远的村庄，男性农户进城务工，女性农户往往为了子女教育随迁到城市，村庄中留守的人数越来越少，耕地特别是梯田撂荒现象普遍存在，农户不愿意采用等高耕作技术。由此，假设4得到部分验证，不同资源禀赋类型农户的等高耕作技术采用意愿差异明显。

技术认知的中介效应中，对于经济占优型农户，根据模型7的回归结果，收入来源途径对等高耕作技术采用有显著的负向影响，系数为-0.7638。资源禀赋对中介变量技术认知的影响中，根据表5-2的回归结果可知，家庭总收入对等高耕作技术认知有负向影响，实际耕种面积和灌溉条件对等高耕作技术认知有正向影响，耕地细碎化程度对等高耕作技术认知有显著的负向影响，社会参与和社会声望对等高耕作技术认知有正向影响。根据模型8的回归结果，收入来源途径对等高耕作技术采用有显著的负向影响，系数为-0.7337。根据模型构建中的检验步骤，对技术认知在收入来源途径对等高耕作技术采用意愿的中介效应进行 sobel 检验，z 值为 0.2665，P 值为 0.7898，未通过显著性检验，因此技术认知的中介效应不存在。对于自然占优型农户，根据模型 9 的回归结果，家庭总收入对等高耕作技术采用有显著的负向影响，系数为-0.1163；实际耕种面积对农户等高耕作技术采用意愿有显著的正向影响，系数为 0.0240；社会参与和社会声望对农户等高耕作技术采用意愿有显著正向影响，系数分别为 0.4700、0.3217。资源禀赋对中介变量技术认知的影响中，根据表 5-3 的回归结果可知，对于自然占优型农户，家庭总收入对等高耕作技术认知有显著的负向影响，实际耕种面积对等高耕作技术认知有正向影响，耕地细碎化程度对等高耕作技术认知有显著的负向影响，社会网络、社会参与和社会声望都对农户等高耕作技术认知有显著的正向影响。根据模型 10 的回归结果，家庭总收入对等高耕作技术采用有显著的负向影响，实际耕种面积对农户等高耕作技术采用意愿有显著的正向影响，社会声望和社会参与对农户等高耕作技术采用意愿的影响不显著。根据模型构建中的检验步骤，对技术认知在家庭总收入、实际耕种面积、社会参与和社会声望的中介效应进行检验。根据模型 10 的回归结果，家庭收入和实际耕种面积对等高耕作技术采用意愿的影响系数分别为-0.1101 和 0.0199，绝对值变小，因此技术认知在家庭收入和实际耕种面积对等高耕作技术采用意愿的影响中发挥了中介作用，是部分中介；社会参与和社会声望对等高耕作技术采用意愿的影响不显著，因此技术认知在社会参与和社会声望对等高耕作技术采用意愿的影响中发挥了中介作用，是完全中介。对于社会占优型农户，根据模型 11 的回归结果，实际耕种面积对等高耕作技术采用有显著的正向影响，系数为 0.0297。根据表 5-3 的回归结果可知，对于社会占优型农户，实际耕种面积和灌溉条件对等高耕作技术认知有显著正向影响，耕地细碎化程度对等高耕作技术认知有显著的负向影响，社会网络、社会信任和社会参与对农户技术认知有显著的正向影响。根据模型 12 的回归结果，实际耕种面积对等高耕作技术采用意愿有显著的正向影响，技术认知对等高耕作技术采用意愿的影响不显著。因此，需要对技术认知在实际耕种面积影响等高耕作技术采用意愿中的中介效应进行 sobel 检验。结果发现 z 值为 0.6915，P 值为 0.4893，不显著，因此技术认知不发挥中介效应。

由此，假设 6 得到验证。

2. 不同资源禀赋类型农户的深松耕技术采用意愿分析

由表 6-3 的回归结果可知，不同资源禀赋类型农户的回归模型 P 值均通过了显著性检验，模型拟合效果良好。模型 13、模型 15 和模型 17 分别表示资源禀赋对经济占优型、自然占优型和社会占优型农户深松耕技术采用意愿的直接作用；模型 14、模型 16 和模型 18 分别表示加入技术认知中介变量后，资源禀赋和技术认知对经济占优型、自然占优型和社会占优型农户深松耕技术采用意愿的影响。

不同类型的农户对深松耕技术的采用意愿有明显差异，资源禀赋对不同类型农户的影响有显著区别。对于经济占优型农户，家庭总收入对深松耕技术采用意愿有负向影响，系数通过了 1%的显著性检验。耕地细碎化程度对深松耕技术采用意愿有负向影响，系数通过了 1%的显著性检验。社会声望和社会参与对深松耕技术采用意愿有正向影响，系数均通过了 5%的显著性检验。控制变量中，村庄到县城的距离对深松耕技术采用意愿有负向影响，系数均通过了 1%的显著性检验。对于自然占优型农户，耕地细碎化程度对深松耕技术采用意愿有负向影响，系数通过了 1%的显著性检验；灌溉条件对深松耕技术采用意愿有显著的正向影响。控制变量中，受教育程度对深松耕技术采用意愿有显著的正向影响。受教育程度越高的农户，对深松耕技术的产出效果和生态效果认知度越高，愿意采用技术。对于社会占优型农户，家庭总收入对深松耕技术采用意愿有负向影响，系数通过了 1%的显著性检验。耕地细碎化程度对深松耕技术采用意愿有负向影响，系数通过了 1%的显著性检验。社会网络、社会信任、社会声望和社会参与对深松耕技术采用意愿有正向影响，系数均通过了 1%的显著性检验。控制变量中，家庭劳动力

表 6-3　不同资源禀赋类型农户等高耕作技术采用意愿的回归结果

变量	经济占优型				自然占优型				社会占优型			
	模型 13		模型 14		模型 15		模型 16		模型 17		模型 18	
	系数	标准差	系数	标准差	系数	标准差	系数	标准差	系数	标准差	系数	标准差
家庭总收入	-0.2149***	0.0383	-0.2095***	0.0391	-0.0295	0.0532	-0.0321	0.0537	-0.2609***	0.0908	-0.2597***	0.0910
非农收入占比	-0.1271	0.1925	-0.1087	0.1959	-0.1701	0.1363	-0.1704	0.1363	-0.2071	0.1731	-0.2106	0.1741
收入来源	0.2808	0.3203	0.0729	0.3381	0.3431	0.2784	0.3442	0.2777	-0.0072	0.3575	-0.0025	0.3585
实际耕种面积	0.0109	0.0088	0.0128	0.0085	0.0012	0.0128	0.0023	0.0130	-0.0008	0.0115	-0.0004	0.0117
土地肥沃程度	-0.1141	0.1329	-0.1964	0.1373	-0.0064	0.1554	-0.0042	0.1553	-0.0083	0.1646	-0.0089	0.1646
耕地细碎化	-0.5737***	0.1059	-0.6245***	0.1110	-1.0679***	0.1412	-1.0764***	0.1432	-0.6249***	0.1261	-0.6275***	0.1267
灌溉条件	0.4295	0.2671	0.3625	0.2745	0.6452*	0.3613	0.6518*	0.3616	0.2218	0.3931	0.2146	0.3948
社会网络	-0.2602	0.1678	-0.2548	0.1711	-0.0726	0.1995	-0.0579	0.2023	1.7192***	0.3082	1.7186***	0.3083
社会信任	0.2621	0.2333	0.2380	0.2370	0.2598	0.2608	0.2636	0.2607	2.5253***	0.4183	2.5268***	0.4189
社会参与	0.4724**	0.2356	0.4731*	0.2427	-0.2096	0.3063	-0.2168	0.3067	2.3457***	0.4007	2.3522***	0.4022
社会声望	0.3686**	0.1812	0.4239**	0.1860	-0.1427	0.1910	-0.1400	0.1912	0.9704***	0.4059	0.9678**	0.4059
年龄	0.0150	0.0118	0.0179	0.0122	0.0141	0.0141	0.0138	0.0141	-0.0082	0.0161	-0.0083	0.0161
受教育程度	0.0429	0.1354	0.0525	0.1400	0.3807**	0.1683	0.3818**	0.1683	-0.1629	0.1886	-0.1545	0.1932
村干部	-0.0815	0.4321	-0.2568	0.4366	-0.0254	0.6154	-0.0245	0.6157	0.4079	0.6731	0.4169	0.6765

续表

变量	经济占优型				自然占优型				社会占优型			
	模型 13		模型 14		模型 15		模型 16		模型 17		模型 18	
	系数	标准差	系数	标准差	系数	标准差	系数	标准差	系数	标准差	系数	标准差
劳动力	0.0779	0.1027	0.0700	0.1056	0.1576	0.1463	0.1575	0.1462	−0.2739*	0.1571	−0.2772*	0.1578
合作社	0.2144	0.5161	0.3276	0.5433	−0.1865	0.4897	−0.1936	0.4898	−0.0775	0.6114	−0.0732	0.6108
村庄到县城的距离	−0.0242***	0.0091	−0.0193**	0.0095	−0.0006	0.0088	−0.0011	0.0089	−0.0066	0.0115	−0.0069	0.0116
技术认知	—	—	0.1740***	0.0445	—	—	−0.0170	0.0387	—	—	−0.0080	0.0392
常数项	−1.3872	1.8646	−2.7436	1.9624	1.7766	1.9403	1.9356	1.9720	−25.5155***	3.5111	−25.4569***	3.5221
Observations	413		413		366		366		458		458	
Pseudo R^2	0.1899		0.2188		0.2576		0.2580		0.4900		0.4901	
LR chi^2	106.38		122.59		116.56		116.75		256.09		256.13	

注：***、**、*分别表示 1%、5%和 10%的显著性水平。

数量对深松耕技术采用意愿有负向影响，系数通过了10%的显著性检验。家庭劳动力数量较多的农户，劳动力多从事非农就业，对深松耕技术关注较少，不愿采用该技术。由此，假设4得到部分验证，不同资源禀赋类型农户的深松耕技术采用意愿差异明显。

技术认知的中介效应中，对于经济占优型农户，根据模型13的回归结果，家庭总收入和耕地细碎化程度对深松耕技术采用意愿有显著的负向影响，系数分别为-0.2149和-0.5737；社会参与和社会声望对深松耕技术采用意愿有显著的正向影响，系数分别为0.4724和0.3686。根据表5-4的回归结果，资源禀赋对中介变量技术认知的影响中，对于经济占优型农户，收入来源对农户深松耕技术认知有显著的正向影响，土地肥沃程度和灌溉条件对深松耕技术认知有显著的正向影响。根据模型14的回归结果，家庭总收入和耕地细碎化程度对深松耕技术采用意愿有显著的负向影响，社会声望和社会参与对深松耕技术采用意愿有显著的正向影响。根据模型构建中的检验步骤，需要对技术认知在家庭总收入、耕地细碎化程度、社会参与和社会声望影响农户深松耕技术采用意愿中的中介效应进行sobel检验。结果发现，z值分别为-0.8723、-0.1355、-0.0903、-1.6441，P值分别为0.3830、0.8922、0.9280、0.1004，均没有通过显著性检验，因此技术认知的中介效应不存在。对于自然占优型农户，根据模型15的回归结果，耕地细碎化程度对深松耕技术采用意愿有显著负向影响，系数为-1.0679；灌溉条件对深松耕技术采用意愿有显著的正向影响，系数为0.6452。根据表5-4的回归结果，资源禀赋对中介变量技术认知的影响中，对于自然占优型农户，家庭总收入对深松耕技术认知有显著的正向影响，实际耕种面积对农户深松耕技术认知有显著正向影响，耕地细碎化程度对深松耕技术认知有显著的负向影响，社会网络对深松耕技术认知有显著的正向影响。根据模型16的回归结果，耕地细碎化程度对深松耕技术采用意愿有显著负向影响，灌溉条件对深松耕技术采用意愿有显著的正向影响，技术认知对深松耕技术采用意愿影响不显著。根据模型

构建中的检验步骤，需要对技术认知在耕地细碎化程度和灌溉条件影响农户深松耕技术采用意愿中的中介效应进行 sobel 检验。结果发现 z 值分别为 0.3604 和 0.0196，P 值分别为 0.7186 和 0.9844，均没有通过显著性检验，因此技术认知的中介效应不存在。

对于社会占优型农户，根据模型 17 的回归结果，家庭总收入对深松耕技术采用意愿有显著的负向影响，系数为-0.2609；耕地细碎化程度对深松耕技术采用意愿有显著的负向影响，系数为-0.6249；社会网络、社会信任、社会参与和社会声望对深松耕技术采用意愿有显著的正向影响，系数分别为 1.7192、2.5253、2.3457 和 0.9704。根据表 5-4 的回归结果，资源禀赋对中介变量技术认知的影响中，对于社会占优型农户，非农收入占比对深松耕技术认知有显著的负向影响，实际耕种面积对农户深松耕技术认知有正向影响，社会参与对深松耕技术认知有显著的正向影响。根据模型 18 的回归结果，家庭总收入对深松耕技术采用意愿有显著的负向影响，耕地细碎化程度对深松耕技术采用意愿有显著的负向影响，社会网络、社会信任、社会参与和社会声望对深松耕技术采用意愿有显著的正向影响，技术认知对深松耕技术采用意愿影响不显著。根据模型构建中的检验步骤，需要对技术认知在家庭收入、耕地细碎化程度、社会网络、社会信任、社会参与和社会声望影响农户深松耕技术采用意愿中的中介效应进行 sobel 检验。结果发现，z 值分别为-0.0758、0.0390、-0.0607、-0.1766、-0.1833 和-0.1060，P 值分别为 0.9396、0.9689、0.9516、0.8598、0.8545 和 0.9156，均没有通过显著性检验，因此技术认知的中介效应不存在。

3. 不同资源禀赋类型农户的秸秆还田技术采用意愿分析

由表 6-4 的回归结果可知，不同资源禀赋类型农户的回归模型 P 值均通过了显著性检验，模型拟合效果良好。模型 19、模型 21 和模型 23 分别表示资源禀赋对经济占优型、自然占优型和社会占优型农户秸秆还田技术采用意愿的直接作用；模型 20、模型 22 和模型 24 分别表示加入技术认知中介变量

表 6-4　不同资源禀赋类型农户等高耕作技术采用意愿的回归结果

变量	经济占优型				自然占优型				社会占优型			
	模型 19		模型 20		模型 21		模型 22		模型 23		模型 24	
	系数	标准差	系数	标准差	系数	标准差	系数	标准差	系数	标准差	系数	标准差
家庭总收入	0. 2021***	0. 0363	0. 2051***	0. 0368	0. 0417	0. 0448	−0. 0348	0. 0451	0. 1698**	0. 0812	0. 1628**	0. 0819
非农收入占比	−0. 1643	0. 1979	−0. 1629	0. 1978	−0. 0593	0. 1213	−0. 0807	0. 1228	1. 7237***	0. 1942	1. 7182***	0. 1962
收入来源	0. 1128	0. 3194	0. 1199	0. 3200	0. 1881	0. 2430	0. 1695	0. 2431	0. 3179	0. 3086	0. 3044	0. 3110
实际耕种面积	0. 0136	0. 0085	0. 0149*	0. 0090	0. 1307***	0. 0268	0. 1422***	0. 0287	−0. 0002	0. 0103	−0. 0043	0. 0107
土地肥沃程度	0. 0028	0. 1327	0. 0091	0. 1334	−0. 0928	0. 1381	−0. 0858	0. 1383	0. 1801	0. 1522	0. 1652	0. 1531
耕地细碎化	−0. 4859***	0. 0963	−0. 4943***	0. 0984	−0. 6468***	0. 1080	−0. 6804***	0. 1128	−0. 5780***	0. 1230	−0. 5216***	0. 1273
灌溉条件	0. 3375	0. 2676	0. 3121	0. 2732	0. 3684	0. 3066	0. 3510	0. 3068	0. 2659	0. 3466	0. 3478	0. 3518
社会网络	−0. 1583	0. 1689	−0. 1595	0. 1689	0. 1464	0. 1735	0. 1881	0. 1757	0. 7253***	0. 2577	0. 6733**	0. 2633
社会信任	0. 3905*	0. 2356	0. 3987*	0. 2366	0. 6914***	0. 2415	0. 7195***	0. 2435	1. 5605***	0. 3409	1. 4344***	0. 3496
社会参与	0. 5854**	0. 2465	0. 6003**	0. 2487	−0. 2340	0. 2531	−0. 1822	0. 2548	2. 0505***	0. 3666	1. 9626***	0. 3703
社会声望	0. 4387**	0. 1824	0. 4599**	0. 1883	0. 0587	0. 1645	0. 1064	0. 1688	0. 0454	0. 2492	0. 0470	0. 2501
年龄	0. 0096	0. 0116	0. 0102	0. 0116	0. 0167	0. 0121	0. 0182	0. 0123	0. 0091	0. 0140	0. 0049	0. 0143
受教育程度	0. 0662	0. 1417	0. 0637	0. 1421	0. 2686*	0. 1479	0. 2606*	0. 1483	−0. 2196	0. 1743	−0. 2173	0. 1754
村干部	0. 0867	0. 4348	0. 0986	0. 4364	−0. 2030	0. 5349	−0. 1801	0. 5319	0. 4665	0. 6474	0. 4134	0. 6437

续表

变量	经济占优型				自然占优型				社会占优型			
	模型 19		模型 20		模型 21		模型 22		模型 23		模型 24	
	系数	标准差	系数	标准差	系数	标准差	系数	标准差	系数	标准差	系数	标准差
劳动力	0.0452	0.1035	0.0486	0.1038	0.1171	0.1194	0.1185	0.1201	-0.0348	0.1425	-0.0683	0.1449
合作社	0.2647	0.4924	0.2570	0.4931	-0.0778	0.4145	-0.1059	0.4162	5.7444***	1.4003	5.6936***	1.3184
村庄到县城的距离	-0.0188**	0.0090	-0.0191**	0.0090	0.0016	0.0074	-0.0008	0.0076	-0.0087	0.0102	-0.0039	0.0107
技术认知	—	—	-0.0125	0.0273	—	—	-0.0406	0.0292	—	—	0.0586*	0.0376
常数项	-5.4339***	1.8965	-5.5294***	1.9097	-3.3598**	1.6559	-3.5905**	1.6692	-23.6326***	2.9814	-23.0605***	3.0008
Observations	413		413		366		366		458		458	
Pseudo R^2	0.2161		0.2165		0.1922		0.1962		0.4741		0.4781	
LR chi^2	123.52		123.73		95.38		97.34		287.40		289.84	

注：***、**、*分别表示1%、5%和10%的显著性水平。

后，资源禀赋和技术认知对经济占优型、自然占优型和社会占优型农户秸秆还田技术采用意愿的影响。

不同类型的农户对秸秆还田技术的采用意愿有明显差异，资源禀赋对不同类型农户的影响有显著区别。对于经济占优型农户，家庭总收入对秸秆还田技术采用意愿有正向影响，系数通过了1%的显著性检验。耕地细碎化程度对秸秆还田技术采用意愿有负向影响，系数通过了1%的显著性检验。社会信任、社会参与和社会声望对秸秆还田技术采用意愿有正向影响，系数均通过了显著性检验。控制变量中，村庄到县城的距离对秸秆还田技术采用意愿有显著的负向影响。秸秆还田机械购买费用高，不是所有村庄都有机械，村庄越偏远，机械可达性越低，降低了农户的技术采用意愿。对于自然占优型农户，实际耕种面积对秸秆还田技术采用意愿有正向影响，系数通过了1%的显著性检验。耕地细碎化程度对秸秆还田技术采用意愿有负向影响，系数通过了1%的显著性检验。社会信任对秸秆还田技术采用意愿有正向影响，系数通过了1%的显著性检验。控制变量中，受教育程度对秸秆还田技术采用意愿有显著的正向影响。受教育程度越高的农户，对秸秆还田技术效果和便利性认可度高，愿意采用该技术。另外在深度访谈中发现，问及是哪些人最早采用秸秆还田技术，往往是受教育程度较高的农户，这些农户往往能够承受风险，思想意识较为开放，愿意接受新事物，能够意识到秸秆还田技术的经济效益和生态效益，是技术采用生命周期中的“最早使用者”。同时受教育程度高的农户，外出务工的机会较多，对于能够节约劳动时间的秸秆还田技术采用意愿高。对于社会占优型农户，家庭总收入和非农收入占比对秸秆还田技术采用意愿有正向影响，系数都通过了显著性检验。耕地细碎化程度对秸秆还田技术采用意愿有负向影响，系数通过了1%的显著性检验。社会网络、社会信任和社会参与对秸秆还田技术采用意愿有正向影响，系数通过了1%的显著性检验。控制变量中，加入农机合作社对秸秆还田技术采用意愿有正向影响，系数通过了1%的显著性检验。由此，假设4得到部分验

证，不同资源禀赋类型农户的秸秆还田技术采用意愿差异明显。

技术认知的中介效应中，对于经济占优型农户，根据模型 19 的回归结果，家庭总收入对秸秆还田技术采用意愿有显著的正向影响，系数为 0.2021；耕地细碎化程度对秸秆还田技术采用意愿有显著的负向影响，系数为-0.4859。社会信任、社会参与、社会声望对秸秆还田技术采用意愿有显著的正向影响，系数分别为 0.3905、0.5854 和 0.4387。根据表 5-5 的回归结果，资源禀赋对中介变量技术认知的影响中，对于经济占优型农户，家庭总收入对农户秸秆还田技术认知有显著的正向影响；实际耕种面积、土地肥沃程度和灌溉条件对农户秸秆还田技术认知有显著的正向影响；耕地细碎化程度对农户技术认知有显著的负向影响；社会信任、社会参与和社会声望都对秸秆还田技术认知有显著的正向影响。根据模型 20 的回归结果，家庭总收入对秸秆还田技术采用意愿有显著的正向影响；耕地细碎化程度对秸秆还田技术采用意愿有显著的负向影响；社会信任、社会参与和社会声望对秸秆还田技术采用意愿有显著的正向影响；技术认知对秸秆还田技术采用意愿影响不显著。根据模型设定中的检验步骤，需要对技术认知在家庭总收入、耕地细碎化程度、社会信任、社会参与和社会声望对秸秆还田技术采用意愿影响中的中介效应进行 sobel 检验。结果发现，z 值分别为-0.4493、0.4092、-0.4357、-0.4246 和-0.4495，P 值分别为 0.6532、0.6824、0.6631、0.6711 和 0.6531，均没有通过显著性检验，因此技术认知的中介效应不存在。对于自然占优型农户，根据模型 21 的回归结果，实际耕种面积对秸秆还田技术采用意愿有显著的正向影响，系数为 0.1307。耕地细碎化程度对秸秆还田技术采用意愿有显著的负向影响，系数为-0.6468。社会信任对秸秆还田技术采用意愿有显著的正向影响，系数为 0.6914。根据表 5-5 的回归结果，资源禀赋对中介变量技术认知的影响中，对于自然占优型农户，家庭总收入对农户秸秆还田技术认知有显著的正向影响；实际耕种面积对农户秸秆还田技术认知有显著的正向影响；耕地细碎化程度对农户秸秆还田技术认知有显著的负向影响；社会网络、社会参与和社会声望都对秸秆还田技术认知有显著的正向影响。根据模型 22 的回归结果，实际耕种面积对秸秆还田技术采用意愿有显著的正向影响；耕地细碎化程度对秸秆还田技术采用意愿有显著的负向影响；社会信任对秸秆还田技术采用意愿有显著的正向影响；技术认知对秸秆还田技术采用意愿影响不显著。根据模型设定中的检验步骤，需要对技术认知在实际耕种面积、耕地细碎化程度和社会信任对秸秆还田技术采用意愿影响中的中介效应进行 sobel 检验。结果发现，z 值分别为-1.2040、1.1014 和-1.2563，P 值分别为 0.2286、0.2707 和 0.2090，均没有通过显著性检验，因此技术认知的中介效应不存在。对于社会占优型农户，根据模型 23 的回归结果，家庭总收入和非农收入占比对秸秆还田技术采用意愿有显著的正向影响，系数分别为 0.1698、1.7237。耕地细碎化程度对秸秆还田技术采用意愿有显著的负向影响，系数为-0.5780。社会网络、社会信任和社会参与对秸秆还田技术采用意愿有显著的正向影响，系数为 0.7253、1.5605、2.0505。根据表 5-5 的回归结果，资源禀赋对中介变量技术认知的影响中，对于社会占优型农户，非农收入占比对农户秸秆还田技术认知有显著的正向影响；实际耕种面积和灌溉条件对农户秸秆还田技术认知有显著的正向影响；耕地细碎化程度对农户技术认知有显著的负向影响；社会网络、社会信任和社会参与对秸秆还田技术认知有显著的正向影响。根据模型 24 的回归结果，家庭总收入和非农收入占比对秸秆还田技术采用意愿有显著的正向影响；耕地细碎化程度对秸秆还田技术采用意愿有显著的负向影响；社会网络、社会信任和社会参与对秸秆还田技术采用意愿有显著的正向影响；技术认知对秸秆还田采用意愿有显著的正向影响。根据模型设定中的检验步骤，首先需要对技术认知在家庭总收入影响农户秸秆还田技术采用意愿的中介效应进行 sobel 检验，结果发现，z 值为 1.1643，P 值为 0.2443，均没有通过显著性检验，因此技术认知的中介效应不存在。最后检验技术认知在非农收入占比、耕地细碎化程度、社会网络、社会信任和社会参与影响秸秆还田技术采用意

愿中的中介效应。根据模型 24 的回归结果，家庭总收入和非农收入占比对秸秆还田技术采用意愿有显著的正向影响，系数分别为 0. 1628、1. 7182；耕地细碎化程度对秸秆还田技术采用意愿有显著的负向影响，系数为-0. 5216；社会网络、社会信任和社会参与对秸秆还田技术采用意愿有显著的正向影响，系数分别为 0. 6733、1. 4344 和 1. 9626。较模型 23 的系数均变小，因此，技术认知在非农收入占比、耕地细碎化程度、社会网络、社会信任和社会参与影响秸秆还田技术采用意愿中发挥中介作用，且为部分中介。

第五节　本章小结

本章以山西、陕西和甘肃三省 1237 户农户数据为例，运用二元 Logit 回归模型考察资源禀赋对农户水土保持技术采用意愿的影响以及不同资源禀赋类型农户的差异，同时农户技术认知作为中介变量，分析其对农户水土保持技术采用意愿的影响。利用二元 Probit 模型对回归结果进行稳健性检验，主要研究结论如下：

（1）资源禀赋对农户水土保持技术采用意愿有显著的影响，对农户等高耕作、深松耕和秸秆还田技术采用意愿的影响有明显差异。经济资源禀赋中，家庭总收入和非农收入占比对深松耕技术采用意愿有显著的负向影响，对秸秆还田技术采用意愿有显著的正向影响，对等高耕作技术采用意愿的影响不显著。自然资源禀赋中，实际耕种面积对农户等高耕作和秸秆还田技术采用意愿有显著的正向影响，对深松耕技术采用意愿影响不显著；耕地细碎化程度对深松耕和秸秆还田技术采用意愿有显著的负向影响，对等高耕作技术采用意愿影响不显著；灌溉条件对深松耕技术采用意愿有显著的正向影响，对等高耕作和秸秆还田技术采用意愿不显著。社会资源禀赋中，社会信任、社会声望和社会参与对深松耕和秸秆还田技术采用意愿有正向影响。

（2）技术认知在资源禀赋影响农户技术采用意愿中发挥中介效应，其作用因技术不同而有所差异。对于等高耕作技术，技术认知在实际耕种面积对技术采用意愿的影响中为部分中介。对于深松耕技术，技术认知在家庭总收入、非农收入占比和耕地细碎化程度影响技术采用意愿中为部分中介。对于秸秆还田技术，技术认知在家庭总收入、非农收入占比、实际耕种面积、耕地细碎化程度、社会信任、社会声望和社会参与影响技术采用意愿中为部分中介。

（3）不同资源禀赋类型的农户对等高耕作技术的采用意愿有明显差异，各影响因素对不同类型农户的影响有显著区别。对于经济占优型农户，收入来源途径对等高耕作技术采用有显著的负向影响。对于自然占优型农户，家庭总收入对等高耕作技术采用有显著的负向影响；实际耕种面积对农户等高耕作技术采用意愿有正向影响；社会声望和社会参与对农户等高耕作技术采用意愿有显著正向影响。对于社会占优型农户，实际耕种面积对农户等高耕作技术采用意愿有正向影响。对于自然占优型农户，技术认知在自然占优型农户家庭总收入和实际耕种面积对等高耕作技术采用意愿的影响是部分中介；在自然占优型农户社会参与和社会声望对等高耕作技术采用意愿的影响是完全中介。

（4）不同资源禀赋类型的农户对深松耕技术的采用意愿有明显差异，各影响因素对不同类型农户的影响有显著区别。对于经济占优型农户，家庭总收入对深松耕技术采用意愿有负向影响；耕地细碎化程度对深松耕技术采用意愿有负向影响；社会声望和社会参与对深松耕技术采用意愿有正向影响。对于自然占优型农户，耕地细碎化程度对深松耕技术采用意愿有负向影响；灌溉条件对深松耕技术采用意愿有显著的正向影响。对于社会占优型农户，家庭总收入对深松耕技术采用意愿有负向影响；耕地细碎化程度对深松耕技术采用意愿有负向影响；社会网络、社会信任、社会声望和社会参与对深松耕技术采用意愿有正向影响。技术认知的中介效应不存在。

（5）不同资源禀赋类型的农户对秸秆还田技术的采用意愿有明显差异，各影响因素对不同类型农户的影响有显著区别。对于经济占优型农户，家庭总收入对秸秆还田技术采用意愿有正向影响；耕地细碎化程度对秸秆还田技术采用意愿有负向影响；社会信任、社会声望和社会参与对秸秆还田技术采用意愿有正向影响。对于自然占优型农户，实际耕种面积对秸秆还田技术采用意愿有正向影响；耕地细碎化程度对秸秆还田技术采用意愿有负向影响；社会信任对秸秆还田技术采用意愿有正向影响。对于社会占优型农户，家庭总收入和非农收入占比对秸秆还田技术采用意愿有正向影响；耕地细碎化程度对秸秆还田技术采用意愿有负向影响；社会网络、社会信任和社会参与对秸秆还田技术采用意愿有正向影响。技术认知在社会占优型农户非农收入占比、耕地细碎化程度、社会网络、社会信任和社会参与影响秸秆还田技术采用意愿中发挥部分中介作用。

第七章　资源禀赋对农户水土保持技术采用决策的影响

农户水土保持技术采用决策是在一定社会经济和制度环境中，充分考虑自身利益最大化基础上，进行要素配置，从而选择某一项或某几项技术。农户从事农产品的生产，参与劳动分工和市场交换，其生产活动受到社会、经济、资源和环境等因素的影响。水土保持技术的采用，因农户的经济情况、自然资源状况和社会条件而异。在已有的研究中，多是将农户看作同质性个体，很少考虑不同类型农户的差异。因此本章选择水土保持耕作措施的核心技术包括等高耕作、深松耕和秸秆还田技术，结合黄土高原3省6县（市或区）的实地调研数据，分析对不同水土保持技术的采用状况，利用Heckman样本选择模型，探讨资源禀赋对农户水土保持技术的采用决策的影响及不同类型农户的差异，同时加入技术采用意愿作为中介变量，分析其对水土保持技术采用决策的影响。旨在为提高农户水土保持技术采用提供政策建议。

第一节　理论分析与研究假设

资源禀赋是指农户个人和家庭所拥有的资源，包括天然拥有的资源和后天获得的资源和能力。随着工业化进程的发展，农户的资源禀赋发生了很大的变化。特别是伴随农户非农就业和兼业化水平的提高，使传统的农业生产

方式转变，农户的耕作方式、种植结构、土地投入以及土地依赖度都随之变化。农户在农业生产中投入劳动越来越少，而化肥、农药和机械等投入增加较快。同时，在农业技术选择，特别是在水土流失严重的黄土高原地区，水土保持技术的选择和采用也与以往大不相同。

针对农户水土保持技术采用决策的研究，国内外学者研究成果较多，在影响因素方面，认为户主个人特征（包括性别、年龄、受教育程度、心理认知等）（Jara-Rojas et al.，2013；廖炜等，2015；黄晓慧等，2019）、家庭特征（包括收入水平、收入结构、劳动力情况、资源禀赋等）（邬震等，2004；Willy and Holm-Müller，2013）、政策环境（包括政府补贴、技术推广、培训等）（马鹏红等，2004；翟文侠、黄贤金，2005）都会对农户技术采用行为产生影响。近年来，一些学者开始关注土地流转对农户水土保持技术采用的影响（贾蕊、陆迁，2018）。在已有农户水土保持技术采用决策的研究中，很少考虑不同资源禀赋类型农户的差异。

基于上述分析发现，对于资源禀赋对农户水土保持技术采用决策的影响如何，还没有得到学者的重视。本章在借鉴已有研究的基础上，结合黄土高原水土保持技术的采用现状，提出以下假设：

假设6：资源禀赋对农户水土保持技术采用决策有显著影响。

假设7：技术采用意愿在资源禀赋影响农户水土保持技术采用决策中发挥正向中介作用。

假设8：不同资源禀赋类型农户的水土保持技术采用决策有所差异。

第二节 变量说明与描述性统计

水土保持技术通过改变微地形，增加地面覆盖和土壤抗蚀力，实现保水、保土、保肥、改良土壤、提高农作物产量的目的。选择水土保持耕作措施的核心技术，包括以改变微地形为目的的等高耕作技术、以提高土壤抗蚀力为目的的深松耕技术和以增加地面覆盖为目的的秸秆还田技术。分析农户水土保持技术的采用行为时，第一阶段度量农户是否采用的问题，借鉴现有文献的二元赋值法，用0表示农户没有采用等高耕作、深松耕和秸秆还田中的任何一项技术；1表示农户采用了其中的一项或几项技术。第二阶段分析农户水土保持技术采用程度，根据农户对等高耕作、深松耕和秸秆还田技术采用的数量进行赋值，区间为1~3。因变量的描述性统计见第三章第三节。经济占优型、自然占优型和社会占优型农户对水土保持技术采用有明显差异。

自变量选取中，根据第四章农户资源禀赋测度结果，在资源禀赋水平方面选择经济资源禀赋、自然资源禀赋和社会资源禀赋作为核心变量；在资源禀赋结构方面，按照农户经济资源禀赋、自然资源禀赋和社会资源禀赋得分结果将农户分为经济占优型、自然占优型和社会占优型，分别讨论不同类型农户对水土保持技术的认知（具体描述性统计见第四章第二节和第三节）。在计划行为理论的基础上，加入技术采用意愿作为中介变量，分析其对水土保持技术采用决策的影响。由于技术采用意愿分别包括等高耕作、深松耕和秸秆还田技术采用意愿，本章对三项意愿进行加总。为避免其他可能影响农户水土保持技术认知因素的干扰，在农户水土保持技术认知模型中，加入户主个人特征、农户家庭特征和村庄特征三类控制变量。其中，户主个人特征包括年龄、受教育程度和是否村干部三个变量；农户家庭特征包括家庭劳动力的数量和是否加入农机合作社两个变量；村庄特征通过村庄到县城的距离来体现（见表7-1）。在样本选择模型中，为了保证可识别性，选择方程的自变量须比结果方程的自变量多，且多出的自变量须对选择方程有显著影响，同时对结果方程没有影响。选取了水土保持技术推广和农机服务中的农机便利性作为识别变量，变量描述性统计如表7-1所示。

表 7-1　控制变量和描述性统计

变量名称	变量含义	变量赋值	最小值	最大值	均值	标准差
年龄	户主实际年龄	岁	26	83	55. 35	10. 669
受教育程度	户主受教育程度	1 = 没上过学；2 = 小学；3 = 初中；4 = 高中/中专；5=大专及以上	1	5	2. 47	0. 887
村干部	户主是否村干部	0=否；1=是	0	1	0. 07	0. 262
劳动力	家庭劳动力数量	人	0	8	2. 27	1. 077
合作社	是否加入农机合作社	0=否；1=是	0	1	0. 08	0. 269
村庄到县城的距离	村庄到县城的距离	里	1. 0	125. 0	19. 113	14. 6630
技术推广	接受过几项水土保持技术推广服务	项	1	5	3. 9458	0. 9293
农机便利性	是否容易租用机械	1=非常不容易；2 = 不太容易；3 = 一般；4 = 比较容易；5=非常容易	1	5	2. 6451	1. 3944

注：技术推广中，接受的水土保持技术推广形式包括专家集中培训、宣传资料、咨询服务、电视讲座、广播宣传、报刊宣传、网络资料、手机信息、其他。

第三节　模型构建

水土保持技术是由多项技术共同构成的技术体系，讨论了等高耕作、深松耕和秸秆还田三项技术。农户在采用时往往不是简单的是否采用的问题，还涉及如果采用水土保持技术，是采用的哪一项或哪几项技术的问题。因此，本书认为农户采用水土保持技术的决策包含两个过程：一是农户是否采用水土保持技术；二是如果采用了，是采用的哪一项或哪几项技术，即采用程度如何。如果农户未采用水土保持技术，那么不存在采用程度的问题。由此可见，农户采用水土保持技术的行为存在样本选择偏误问题，简单的二元 Logit 模型无法解决这一问题。因此，需要用 Heckman 样本选择模型来进行分析。

$$y_{1i}=X_{1i}\alpha+\mu_{1i}$$

$$y_{1i}=\begin{cases}1, & 当\ y_{1i}^{*}>0\ 时\\ 0, & 当\ y_{1i}^{*}\leqslant 0\ 时\end{cases} \tag{7-1}$$

$$y_{2i}=X_{2i}\beta+\mu_{2i}$$

$$y_{2i}=\begin{cases}a, & 当\ y_{1i}=1\ 时\\ 0, & 当\ y_{1i}=0\ 时\end{cases} \tag{7-2}$$

式（7-1）表示选择方程，式（7-2）表示结果方程。y_{1i} 和 y_{2i} 是衡量农户采用水土保持技术的因变量，y_{1i} 表示农户是否采用水土保持技术的行为，y_{2i} 表示采用水土保持技术的农户采用程度的行为；y_{1i}^{*} 是不可观测的潜变量；a 表示农户对水土保持技术的采用程度；X_{1i} 和 X_{2i} 为自变量，表示影响农户是否采用水土保持技术和采用哪一项或哪几项技术的因素；α 和 β 表示待估参数；μ_{1i} 和 μ_{2i} 表示残差项，均服从正态分布；i 表示第 i 个样本农户。

农户水土保持技术采用程度的条件期望为：

$$\begin{aligned}E(y_{2i}\mid y_{2i}=a)&=E(y_{2i}\mid y_{1i}^{*}>0)=E(X_{2i}\beta+\mu_{2i}\mid X_{1i}\alpha+\mu_{1i}>0)\\&=E(X_{2i}\beta+\mu_{2i}\mid \mu_{1i}>-X_{1i}\alpha)=X_{2i}\beta+E(\mu_{2i}\mid \mu_{1i}>-X_{1i}\alpha)\\&=X_{2i}\beta+\rho\sigma_{\mu_2}\lambda(-X_{1i}\alpha)\end{aligned} \tag{7-3}$$

式（7-3）中，$\lambda(\cdot)$ 为反米尔斯比率函数。ρ 表示 y_{1i} 与 y_{2i} 的相关系数，当 $\rho=0$ 时，表示农户对水土保持技术的采用程度不会受到是否采用的影响；当 $\rho\neq 0$ 时，表示农户对水土保持技术的采用程度会受到是否采用的影响，存在样本选择偏误问题。σ 为标准差。

第四节　实证结果与分析

在样本选择模型中，为了保证可识别性，选择方程的自变量须比结果方程的自变量多，且多出的自变量须对选择方程有显著影响，同时对结果方程

没有影响。选取了水土保持技术推广和农机服务中的农机便利性作为识别变量，运用 stata 15.0 软件对农户水土保持技术的采用行为进行估计，利用 Heckman 样本选择模型，同时考虑技术采用意愿的中介效应，进行分层回归，得到的结果如表 7-2 和表 7-3 所示。模型估计结果中的 λ 都不为 0，且都通过了显著性检验，这表明模型中的确存在样本选择偏差，能够采用样本选择模型进行估计。选取的水土保持技术推广和农机便利性两个识别变量在估计中都通过了显著性检验，这表明其作为识别变量是适合的。ρ 和 Wald chi^2 的值均能够拒绝原假设，模型拟合效果较好。

一、资源禀赋和采用意愿对农户水土保持技术采用决策的影响

1. 资源禀赋对农户水土保持技术采用决策的影响

表 7-2 模型 1 的回归结果，展示了资源禀赋对农户水土保持技术采用决策的直接作用。

经济资源禀赋方面，家庭总收入对农户是否采用水土保持技术有正向影响，系数通过了 1%的显著性水平检验。大多数农户的家庭总收入有两个主要的来源，一是种植收入，二是务工收入，且务工收入所占比重较大。在实地调查中发现，家庭总收入高的农户往往是务工人数和收入较多的家庭，这些家庭采用技术的意愿强烈，农业特别是种植粮食的机会成本高，不愿花很多时间，因此倾向于采用机械，节约农业劳动时间。同时，由于家庭收入高，虽然普遍认为农机使用费用较高，但愿意承担机械使用的费用，因此家庭收入高的农户往往采用水土保持技术。

自然资源禀赋方面，实际耕种面积对农户水土保持技术采用程度有显著的正向影响。农户耕种的土地面积越大，需要投入的劳动力和劳动时间越多，为了提高劳动效率，愿意采用节约劳动的水土保持技术。同时，农户耕地面积越大，从土地中获得的收入越高，愿意承担采用技术的费用。土地肥沃程度对农户是否采用水土保持技术有显著的正向影响，原因是肥沃的土地能够使得农户获得较高的收益，因此农户愿意采用技术；土地贫瘠，一方面导致

农户收益下降，农户不愿增加技术投入，另一方面在调查中发现，农户撂荒的耕地主要是一些贫瘠的土地，农户普遍反映土地的产出不足以弥补投入。耕地细碎化程度对农户是否采用水土保持技术有负向影响，系数通过了1%的显著性水平检验。目前农用机械中垄沟播种机、深松机、小麦联合收割机、玉米联合收割机、秸秆还田机、覆膜机等只能在大的地块上进行作业，小型机械相对缺乏。因此土地细碎化程度越高，越不利于水土保持技术的采用。灌溉条件对农户是否采用水土保持技术有显著的正向影响，拥有灌溉条件的农户往往能获得较高的作物产量和农业收入。在对甘肃省泾川县的农户的深入访谈中发现，农户认为作物收成的好坏主要看天，雨水丰裕的年份能够获得较高的产量。地方政府投入修建水利设施后，灌溉条件变好，农户种植经济作物如温室蔬菜、苹果等，获得了高收益，有条件也有积极性采用水土保持技术。

社会资源禀赋方面，社会网络、社会信任和社会参与对农户水土保持技术采用程度有显著的正向影响。农户在与周围人群的交往中，能够获得耕作的技术信息。在对年龄较大的农户进行深度访谈中，问及在水土保持技术推广之初，农户为什么采用某项技术，农户回答最初对技术不了解，在少数农户采用技术后，通过与其进行交流，逐渐获取技术信息，并掌握技术使用的方法，随后逐步采用技术。从事农业生产时间较短的农户，被问及为什么采用水土保持技术时，多数回答为看到别人都用，自己就采用。虽然我国的水土保持技术最初是自上而下推行的，政府提供了技术推广和示范，但农户的农业生产行为一般比较保守，农户之间的技术交流更能够促进农户技术采用。

技术推广和农机便利性作为识别变量对农户是否采用水土保持技术有显著的正向影响。政府相关部门在进行技术推广时，推广形式包括专家讲解、组织培训、技术员下乡指导、发放技术资料等。技术推广能够增进农户对技术的了解，同时技术的经济效益和生态效益认知度提高，进而促进了农户采

用水土保持技术。大多数农户家庭并不购买农用机械，只是通过购买农机服务的形式采用水土保持技术。在农忙作业时节，是否能够很容易租用到机械直接影响了农户的技术采用。在甘肃省镇原县和泾川县的调研中发现，农户普遍反映本村附近虽然没有农用机械，但由于距离陕西关中地区很近，机械使用很便利。

控制变量中，受教育程度对农户水土保持技术采用程度有显著的正向影响。受教育程度较高的农户，对技术接纳性高，能够认识到水土保持技术的经济效益和生态效益。同时受教育程度高的农户，外出务工的机会较多，收入较高，能够承担技术采用的费用。村庄到县城的距离对农户是否采用水土保持技术和采用程度都有显著的负向影响。

由此，假设 6 得到部分验证。

2. 采用意愿的中介效应分析

加入技术采用意愿中介变量后，表 7-2 模型 2 的回归结果，展示了技术采用意愿在资源禀赋影响农户水土保持技术采用决策中的中介效应。农户水土保持技术采用程度中，模型 2 技术采用意愿有显著的正向影响。对比模型 1 中采用程度的回归结果发现，模型 2 中实际耕种面积和社会参与对农户水土保持技术采用程度的影响不显著，因此技术采用意愿为完全中介。社会网络和社会信任对农户水土保持技术采用程度有显著的正向影响，系数较模型 1 变小，因此技术采用意愿是部分中介。农户是否采用水土保持技术中，模型 2 技术采用意愿有显著的正向影响。对比模型 1 中采用程度的回归结果发现，模型 2 中家庭总收入、土地肥沃程度、耕地细碎化程度和灌溉条件的系数都有所降低，因此，技术采用意愿在家庭总收入、土地肥沃程度、耕地细碎化程度和灌溉条件影响农户是否采用水土保持技术中发挥了部分中介作用。

由此，假设 7 得到部分验证。

表 7-2　资源禀赋、技术采用意愿影响水土保持技术采用决策的回归结果

变量名	模型 1		模型 2	
	采用程度	是否采用	采用程度	是否采用
家庭总收入	0.0018	0.0849***	0.0026	0.0848***
非农收入占比	-0.0124	-0.0791	-0.0080	-0.0799**
收入来源	0.0668	0.0688	0.0697	0.0677
实际耕种面积	0.0041*	0.0017	0.0031	0.0009
土地肥沃程度	0.0162	0.0745*	0.0171	0.0739*
耕地细碎化	0.0117	-0.1366***	0.0378	-0.1184***
灌溉条件	0.0635	0.1502*	0.0595	0.1445*
社会网络	0.0934*	0.0476	0.0885*	0.0402
社会信任	0.1695***	0.0721	0.1523**	0.0533
社会参与	0.1094*	-0.1115	0.0898	-0.1301*
社会声望	0.0217	-0.0016	0.0128	-0.0127
技术推广	—	0.1393***	—	0.1404***
农机便利性	—	0.2997***	—	0.2970***
年龄	-0.0015	0.0013	-0.0018	0.0011
受教育程度	0.0768**	0.0841	0.0757*	0.0829*
村干部	0.0838	0.0354	0.0877	0.0311
劳动力	0.0404	0.0008	0.0393	0.0012
合作社	-0.0608	0.0182	-0.0739	-0.0049
村庄到县城的距离	-0.0102***	-0.0072***	-0.0099***	-0.0069***
技术采用意愿	—	—	0.1125***	0.0922**
常数项	-0.1355	-1.7360**	-0.1490	-1.6667***
λ	—	0.4129**	—	0.2232***
ρ	0.0492	—	0.0268	—
Wald chi^2	—	61.85***	—	71.36***

注：***、**、*分别表示 1%、5%和 10%的显著性水平。

二、不同资源禀赋类型农户水土保持技术的采用决策分析

根据表 7-3 中模型 3 的回归结果可知，对于经济占优型农户，家庭总收

入对是否采用农户水土保持技术和采用程度都有显著的正向影响。家庭收入高的农户，往往非农收入较高，投入农业生产的劳动机会大，愿意采用技术节约劳动。家庭收入越高，越愿意承担技术使用费用，因此水土保持技术采用程度也越高。土地肥沃程度和灌溉条件对农户是否采用水土保持技术和采用程度都有显著的正向影响。技术推广和农机便利性作为识别变量，对农户是否采用水土保持技术有显著的正向影响。控制变量中，受教育程度对农户是否采用水土保持技术有显著的正向影响；村庄到县城的距离对农户是否采用水土保持技术和采用程度都有显著的负向影响。模型 4 加入技术采用意愿中介变量后，发现其对经济占优型农户是否采用水土保持技术和采用程度都没有显著的影响，因此技术采用意愿不存在中介效应。

根据表 7-3 中模型 5 的回归结果可知，对于自然占优型农户，家庭总收入对农户是否采用水土保持技术和采用程度都有显著的正向影响，非农收入占比对农户水土保持技术采用程度有显著的正向影响。实际耕种面积对农户水土保持技术采用程度有显著的正向影响，系数通过了 1%的显著性检验；耕地细碎化程度对农户是否采用水土保持技术有显著的负向影响，系数通过了 1%的显著性检验。社会信任对农户水土保持技术采用程度有显著的正向影响，系数通过了 1%的显著性检验；社会声望对农户是否采用水土保持技术有显著的正向影响。技术推广和农机便利性作为识别变量，对农户是否采用水土保持技术有显著的正向影响。控制变量中，受教育程度对农户水土保持技术采用程度有显著的正向影响；村庄到县城的距离对农户水土保持技术的采用程度都有显著的负向影响。模型 6 加入技术采用意愿中介变量后，发现其对自然占优型农户水土保持技术的采用程度没有显著的影响，因此技术采用意愿不存在中介效应。技术采用意愿对自然占优型农户是否采用水土保持技术有显著的正向影响，对比模型 5 的回归结果发现，家庭总收入、耕地细碎化程度和社会声望对农户是否采用水土保持技术的影响系数的绝对值都有减小，因此技术采用意愿在家庭总收入、耕地细碎化程度和社会声望影响农户是否采用水土保持技术中发挥中介作用，且为部分中介。

根据表7-3中模型7的回归结果可知，对于社会占优型农户，家庭总收入对农户水土保持技术采用程度有显著的正向影响，系数通过了1%的显著性检验。实际耕种面积对农户水土保持技术采用程度有显著的正向影响，系数通过了5%的显著性检验；耕地细碎化程度对农户是否采用水土保持技术有显著的负向影响，系数通过了1%的显著性检验；灌溉条件对农户水土保持技术采用程度有显著的正向影响。社会网络对农户是否采用水土保持技术和采用程度都有显著的正向影响；社会参与对农户水土保持技术采用程度有显著的正向影响，系数通过了1%的显著性检验；社会声望对农户是否采用水土保持技术有显著的正向影响，系数通过了1%的显著性检验。技术推广和农机便利性作为识别变量，对农户是否采用水土保持技术有显著的正向影响。控制变量中，年龄对农户水土保持技术采用程度有显著的负向影响，年龄大的农户，相对较为保守，不愿投入过多的技术采用费用。受教育程度对农户是否采用水土保持技术有显著的正向影响；村庄到县城的距离对农户是否采用水土保持技术有显著的负向影响。模型8加入技术采用意愿中介变量后，发现其对社会占优型农户是否采用水土保持技术和采用程度都具有显著的正向影响。对比模型7的回归结果发现，家庭总收入、实际耕种面积、灌溉条件、社会网络和社会参与对社会占优型农户水土保持技术的采用程度的影响系数较模型7中都降低，因此技术采用意愿在家庭总收入、实际耕种面积、灌溉条件、社会网络和社会参与影响社会占优型农户水土保持技术采用程度中发挥中介作用，且为部分中介。耕地细碎化程度、社会网络和社会声望对社会占优型农户是否采用水土保持技术的影响系数较模型7中都降低，因此技术采用意愿在耕地细碎化程度、社会网络和社会声望影响社会占优型农户是否采用水土保持技术中发挥中介作用，且为部分中介。

由此，假设8得到验证。

表 7-3 不同资源禀赋农户水土保持技术采用决策的回归结果

变量名	经济占优型				自然占优型				社会占优型			
	模型 3		模型 4		模型 5		模型 6		模型 7		模型 8	
	采用程度	是否采用	采用程度	是否采用	采用程度	是否采用	采用程度	是否采用	采用程度	是否采用	采用程度	是否采用
家庭总收入	0.0092**	0.0567***	0.0092**	0.0568***	0.0338*	0.1229***	0.0367*	0.1220***	0.1034***	0.0259	0.1027***	0.0231
非农收入占比	-0.0088	-0.0888	-0.0058	-0.0906	0.0939*	-0.0515	0.0970*	-0.0497	-0.0100	-0.0524	-0.0175	-0.0781
收入来源	0.1285	0.0134	0.1312	0.0115	0.0475	0.1640	0.0419	0.1514	-0.0478	0.0280	-0.0494	0.0248
实际耕种面积	-0.0055	-0.0048	-0.0057	-0.0046	0.0120***	0.0038	0.0113**	0.0012	0.0094**	0.0084	0.0090*	0.0075
土地肥沃程度	0.1605***	0.1669**	0.1593***	0.1673**	-0.0301	-0.0095	-0.0281	-0.0050	-0.0439	0.0650	-0.0446	0.0680
耕地细碎化	0.0408	0.0245	0.0514	0.0186	0.0240	-0.1901***	0.0370	-0.1524***	-0.0152	-0.2899***	-0.0046	-0.2723***
灌溉条件	0.2088*	0.2783*	0.2101*	0.2795*	-0.2152	0.1310	-0.2162	0.0977	0.2553**	0.0500	0.2510*	0.0334
社会网络	0.0404	-0.1584	0.0421	-0.1593	0.0293	0.0006	0.0270	-0.0053	0.4266**	0.4945***	0.4075**	0.4573***
社会信任	-0.0557	0.1988	-0.0569	0.2008	0.4576***	0.0500	0.4498***	0.0214	0.0422	0.1842	0.0255	0.1373
社会参与	-0.0117	-0.2115	-0.0237	-0.2052	-0.1905	0.0797	-0.1921	0.0774	0.5699***	-0.0804	0.5524***	-0.1513
社会声望	-0.0620	-0.0058	-0.0687	-0.0018	-0.0834	0.2074**	-0.0812	0.2007**	-0.1654	0.3781***	-0.1719	0.3695***
技术推广	—	0.0917*	—	0.0931*	—	0.1388***	—	0.1440***	—	0.1867***	—	0.1862**
农机便利性	—	0.2005***	—	0.2005***	—	0.4371***	—	0.4352***	—	0.1738**	—	0.1679***
年龄	-0.0034	0.0039	-0.0036	0.0041	0.0064	0.0035	0.0063	0.0025	-0.0091*	-0.0004	-0.0090*	-0.0002

续表

变量名	经济占优型				自然占优型				社会占优型			
	模型 3		模型 4		模型 5		模型 6		模型 7		模型 8	
	采用程度	是否采用	采用程度	是否采用	采用程度	是否采用	采用程度	是否采用	采用程度	是否采用	采用程度	是否采用
受教育程度	0.0859	0.1441*	0.0911	0.1437*	0.1242*	0.0145	0.1183*	-0.0019	0.0132	0.1749**	0.0116	0.1821**
村干部	0.1474	-0.0500	0.1523	-0.0479	-0.0725	0.2103	-0.0649	0.2528	0.1208	0.0166	0.1152	-0.0046
劳动力	0.0366	-0.0472	0.0360	-0.0464	0.0468	-0.0304	0.0474	-0.0239	-0.0053	0.0145	-0.0049	0.0189
合作社	-0.1446	-0.2677	-0.1477	-0.2580	-0.2793	-0.3203	-0.2731	-0.3155	-0.0124	0.1841	-0.0336	0.1326
村庄到县城的距离	-0.0138***	-0.0118**	-0.0130***	-0.0120**	-0.0109***	0.0006	-0.0111***	0.0009	-0.0061	-0.0106**	-0.0057	-0.01002**
技术采用意愿	—	—	0.0632	-0.0289	—	—	0.0478	0.1536*	—	—	0.0433*	0.1493*
常数项	0.9646	-0.7297	0.9158	-0.7310	-0.0609	-3.2078***	-0.1213	-3.2752***	-2.0841	-5.2436***	-1.8625	-4.8962***
λ	—	0.3179*	—	0.1940*	—	-0.6020***	—	-0.0465**	—	0.4333***	—	0.3961**
ρ	0.2782	—	0.2769	—	-0.0707	—	-0.0547	—	0.5349	—	0.4958	—
Wald chi^2	—	37.32***	—	40.16***	—	66.73***	—	67.44***	—	65.83***	—	66.50***

注：***、**、*分别表示1%、5%和10%的显著性水平。

第五节　本章小结

本章以山西、陕西和甘肃三省 1237 户农户数据为例，运用 Heckman 样本选择模型考察资源禀赋对农户水土保持技术采用决策的影响及不同类型农户的差异，并将技术采用意愿作为中介变量，主要研究结论如下：

（1）资源禀赋对水土保持技术采用决策有直接的影响。经济资源禀赋方面，家庭总收入对农户是否采用水土保持技术有正向影响。自然资源禀赋方面，实际耕种面积对农户水土保持技术采用程度有显著的正向影响；土地肥沃程度对农户是否采用水土保持技术有显著的正向影响；耕地细碎化程度对农户是否采用水土保持技术有负向影响；灌溉条件对农户是否采用水土保持技术有显著的正向影响。社会资源禀赋方面，社会网络、社会信任和社会参与对农户水土保持技术采用程度有显著的正向影响。

（2）技术采用意愿在资源禀赋影响农户技术采用决策中发挥中介效应。其中，在农户水土保持技术采用程度中，技术采用意愿在实际耕种面积和社会参与影响农户水土保持技术采用程度中是完全中介；技术采用意愿在社会网络和社会信任影响农户水土保持技术采用程度中是部分中介。在农户是否采用水土保持技术中，技术采用意愿在家庭总收入、土地肥沃程度、耕地细碎化程度和灌溉条件影响农户是否采用水土保持技术中发挥了部分中介作用。

（3）不同资源禀赋类型的农户对水土保持技术的采用决策有明显差异，各影响因素对不同类型农户的影响有显著区别。对于经济占优型农户，家庭总收入、土地肥沃程度和灌溉条件对农户是否采用水土保持技术和采用程度都有显著的正向影响。对于自然占优型农户，家庭总收入对农户是否采用水土保持技术和采用程度都有显著的正向影响；非农收入占比、实际耕种面积和社会信任对农户水土保持技术采用程度有显著的正向影响；耕地细碎化程度对农户是否采用水土保持技术有显著的负向影响；社会声望对农户是否采用水土保持技术有显著的正向影响；技术采用意愿在家庭总收入、耕地细碎化程度和社会声望影响农户是否采用水土保持技术中是部分中介。对于社会占优型农户，家庭总收入、实际耕种面积、灌溉条件和社会参与对农户水土保持技术的采用程度都有显著的正向影响；耕地细碎化程度对农户是否采用水土保持技术有显著的负向影响；社会网络对农户是否采用水土保持技术和采用程度都有显著的正向影响；社会声望对农户是否采用水土保持技术有显著的正向影响；技术采用意愿在家庭总收入、实际耕种面积、灌溉条件、社会网络和社会参与影响农户水土保持技术采用程度中是部分中介，在耕地细碎化程度、社会网络和社会声望影响农户是否采用水土保持技术中是部分中介。

第八章　资源禀赋对农户水土保持技术采用效果的影响

黄土高原地区土质疏松，黄绵土空隙大，抗蚀水能力很差，加上黄土高原雨水少但时间分布集中，暴雨的发生导致水土流失加剧，土地生产力水平低。传统的农业耕作方式翻耕次数多，地表裸露，暴雨导致径流加快，进一步加重水土流失和土地退化。水土保持技术与传统耕作技术相比，显著减少了径流冲刷，改良了土壤，改善了农业生态环境，增加了农业产量。关于农户采用水土保持技术的效果，研究发现梯田能够给农户带来较高的经济收益，远高于工程项目的补助（Posthumus and DeGraaff，2005）；而植物篱、覆盖耕作、适度密植等水土保持技术，收益水平在不同地区因环境不同有所差异（Posthumus et al.，2015）；不同水土保持技术控制水土流失的效果也有所差异。在黄土高原地区三省的实地调查中发现，调研区域多数农户认为水土保持技术的生态效果还没有完全发挥出来，需要进一步完善和提升。本章将从生态效果角度出发，研究资源禀赋对农户水土保持技术采用效果的影响。在农户主观评价的基础上，利用有序 Probit 模型，检验资源禀赋对农户水土保持技术采用效果的影响及不同农户之间的差异，为进一步提升水土保持技术的生态效果提供理论依据。

第一节 理论分析与研究假设

自20世纪70年代开始，我国水土保持技术开始实施，经过多年的治理实践，坡耕地水土流失问题有所缓解。学术界对水土保持技术的经济效果和生态效果进行了大量的研究，赵旭等（2013）在甘肃省定西市对免耕、秸秆覆盖和传统耕作方式进行了试验，发现免耕、秸秆覆盖能够防止土壤侵蚀，有效控制水土流失，同时还能够提高土地生产力，达到增产的效果。车明轩等（2016）利用模拟降雨的方式，对秸秆覆盖在不同雨水强度和不同坡度条件的产流率和保水率进行试验，发现覆盖耕作能够有效控制径流，减少产沙量。已有的对水土保持技术效果的研究，多数是从试验或模拟的角度出发，能够保证结果的客观性（田欣欣等，2011；田慎重等，2013）。但同时，试验、观测和模拟的方法有很大的局限性，适用范围很小，所选择的试验地控制了很多外在因素的干扰。作为水土保持技术的主要使用者，农户对技术的采用效果及其影响还没有得到关注。对从农户角度的水土保持技术的效果研究，少数的文献主要是研究退耕还林效果，包括增收效果和改善土地生产力的效果（甄静等，2011；韩洪云、喻永红，2014a；王庶、岳希明，2017）。

黄土高原地区经过多年治理，入黄泥沙量由20世纪的16亿吨减少到近年的3亿多吨（水利部，2018）。但一些学者在调查中发现，水土保持技术采用效果不明显，一些地区还存在边治理边破坏的现象，甚至存在无效治理问题。根据第二章影响机理的分析，经济资源禀赋、自然资源禀赋和社会资源禀赋对农户水土保持技术采用决策的影响，采用不同的技术带来的生态效果是不同的，基于此，本章从农户角度出发，研究资源禀赋对农户水土保持技术采用效果的影响。

基于上述分析，本章提出假设：

假设 9：资源禀赋对农户采用水土保持技术的生态效果有显著影响。

假设 10：不同资源禀赋类型农户采用水土保持技术的生态效果有所差异。

第二节　变量说明与描述性统计

本章研究农户水土保持技术的生态效果主要考察农户采用水土保持技术对控制水土流失的作用。受研究者的专业和数据来源的限制，从试验、观测和模拟角度进行生态效果的评价难度较大。同时农户作为水土保持技术主要的采用者和受益者，其对技术采用的主观评价能最直接地反映技术的经济效果和生态效果。因此，本章对水土保持技术的经济效果和生态效果的分析，以农户的评价为基础和依据。农户对水土保持技术的生态效果通过“该技术对控制水土流失的效果”来体现。采用 Likert 五点量表，“1”表示“很差”，“2”表示“比较差”，“3”表示“一般”，“4”表示“比较好”，“5”表示“很好”（具体描述性统计见第三章第三节）。需要注意的是，对水土保持技术效果评价的农户，是采用了某项技术的农户的评价，仅涉及技术采用者，不包括未采用技术的农户。经济占优型、自然占优型和社会占优型农户对采用水土保持技术的效果评价有明显差异。

自变量选取中，根据第四章农户资源禀赋测度结果，在资源禀赋方面选择经济资源禀赋、自然资源禀赋和社会资源禀赋作为核心变量；在资源禀赋结构方面，按照农户经济资源禀赋、自然资源禀赋和社会资源禀赋得分结果将农户分为经济占优型、自然占优型和社会占优型，分别讨论不同类型农户采用水土保持技术的效果（具体描述性统计见第四章第二节和第三节）。为避免其他可能影响农户水土保持技术采用效果因素的干扰，在农户水土保持技术采用效果模型中，加入户主个人特征、农户家庭特征和村庄特征三类控制变量。其中，户主个人特征包括年龄、受教育程度和是否村干部三个变量；

农户家庭特征包括家庭劳动力的数量和是否加入农机合作社两个变量；村庄特征通过村庄到县城的距离来体现（见表 8-1）。

表 8-1　控制变量和描述性统计

变量名称	变量含义	等高耕作技术		深松耕技术		秸秆还田技术	
		均值	标准差	均值	标准差	均值	标准差
年龄	户主实际年龄	53.3347	10.6332	55.5580	11.2290	55.6737	11.2367
受教育程度	户主受教育程度	2.4153	0.9182	2.6205	0.7707	2.6437	0.7953
村干部	户主是否村干部	0.0847	0.2790	0.0893	0.2855	0.0776	0.2678
劳动力	家庭劳动力数量	2.1532	0.9695	2.2634	1.0878	2.2575	1.0687
合作社	是否加入农机合作社	0.0605	0.2389	0.0737	0.2615	0.1023	0.3033
村庄到县城的距离	村庄到县城的距离	17.9315	16.3977	16.3962	13.5306	17.7672	13.1244

第三节　模型构建

为反映农户采用水土保持技术的生态效果，采用 Likert 五点量表，“1”表示“很差”，“2”表示“比较差”，“3”表示“一般”，“4”表示“比较好”，“5”表示“很好”。由于农户对水土保持技术的生态效果的评价为 1~5 的有序变量，因此利用对排序变量有效的有序 Probit 模型，检验资源禀赋对农户水土保持技术采用效果的影响及不同农户之间的差异。具体模型如下：

$$y_i=\theta+\alpha H+\beta X+\varepsilon$$

$$y=\begin{cases}1，若\ y_i\leqslant r_1\\2，若\ r_1<y_i\leqslant r_2\\3，若\ r_2<y_i\leqslant r_3\\4，若\ r_3<y_i\leqslant r_4\\5，若\ y_i>r_4\end{cases}$$

假设 $\varepsilon \sim N(0, 1)$，则：

$P(y=1 \mid H, X)=P(y_i \leqslant r_1 \mid H, X)=P(\alpha H+\beta X+\varepsilon \leqslant r_1 \mid H, X)=\Phi(r_1-\alpha H-\beta X)$

$P(y=2 \mid H, X)=\Phi(r_2-\alpha H-\beta X)-\Phi(r_1-\alpha H-\beta X)$

$P(y=3 \mid H, X)=\Phi(r_3-\alpha H-\beta X)-\Phi(r_2-\alpha H-\beta X)$

$P(y=4 \mid H, X)=\Phi(r_4-\alpha H-\beta X)-\Phi(r_3-\alpha H-\beta X)$

$P(y=5 \mid H, X)=1-\Phi(r_4-\alpha H-\beta X)$

其中，H 为农户资源禀赋变量，X 为控制变量，$r_1<r_2<r_3<r_4$ 为切点，θ、α、β 为待估计的参数，ε 为随机误差项。

第四节　资源禀赋对农户采用水土保持技术生态效果的影响

本节利用 stata 15.0 软件对资源禀赋对采用水土保持技术的生态效果的影响进行检验。

由表 8-2 的回归结果可知，资源禀赋的回归模型 P 值均通过了显著性检验，模型拟合效果良好。

表 8-2　资源禀赋对农户采用水土保持技术生态效果影响的回归结果

变量	等高耕作		深松耕		秸秆还田	
	系数	标准差	系数	标准差	系数	标准差
家庭总收入	0.0276*	0.0167	0.0339***	0.0138	-0.0469***	0.0079
非农收入占比	0.1126	0.0828	-0.0098	0.0505	-0.1061***	0.0423
收入来源	-0.1336	0.1696	-0.0794	0.1172	-0.1547	0.0994
实际耕种面积	0.0086**	0.0040	-0.0027	0.0075	0.0016	0.0048
土地肥沃程度	-0.1101	0.0803	0.2602***	0.0688	0.0206	0.0515

续表

变量	等高耕作		深松耕		秸秆还田	
	系数	标准差	系数	标准差	系数	标准差
耕地细碎化	-0.0597	0.0425	-0.0163	0.0397	-0.0525 *	0.0313
灌溉条件	-0.0439	0.3335	-0.0658	0.1152	-0.3458 ***	0.0978
社会网络	0.2038 *	0.1264	0.0979	0.0774	0.1209 *	0.0676
社会信任	0.0007	0.1587	-0.0232	0.0948	0.1591 *	0.0837
社会参与	0.0441	0.1684	0.0541	0.1036	0.2329 ***	0.0894
社会声望	0.1360	0.0987	-0.0751	0.0605	0.3863 ***	0.0524
年龄	0.0103	0.0073	0.0208 ***	0.0051	0.0047	0.0042
受教育程度	0.1467 *	0.0827	-0.0509	0.0728	-0.0464	0.0595
村干部	0.4224	0.2781	-0.1305	0.1916	0.4191 **	0.1719
劳动力	0.0325	0.0798	0.0064	0.0504	0.0741 *	0.0423
合作社	-0.4552	0.3228	-0.3094	0.2065	0.0671	0.1505
村庄到县城的距离	-0.0049	0.0048	-0.0119	0.0140	-0.0014	0.0035
cut1	-0.2671	1.0591	-0.5961	0.7171	1.4192 ***	0.5954
cut2	-0.1851	1.0581	-0.1779	0.7085	2.190 ***	0.5964
cut3	0.7104	1.0585	0.6135	0.7059	2.9885 ***	0.6000
cut4	2.7135 ***	1.0715	2.1945 ***	0.7114	4.2173 ***	0.6108
Observations	239		448		567	
LR chi^2	38.80		55.62		164.07	
Pseudo R^2	0.0742		0.0564		0.0944	

注：***、**、*分别表示1%、5%和10%的显著性水平。

经济资源禀赋方面，家庭总收入对农户采用等高耕作和深松耕技术的生态效果均有显著的正向影响，对采用秸秆还田技术的生态效果有显著的负向影响。家庭收入高的农户，虽然对等高耕作技术的认知和采用意愿不高，但最终采用了技术，即意愿与行为产生了背离。原因是收入较高的农户的主要收入来源是非农收入，他们在一年中多数时间在城市从事非农产业，获得收入的信息来源广泛。在调查中发现，这些农户之所以采用等高耕作技术，一方面是认识到水土流失带来的危害，另一方面是他们肯定了等高耕作技术控制水土流失的作用。家庭收入低的农户对深松耕技术的认知和采用意愿较高，

最终采用了技术，但对深松耕技术控制水土流失的效果评价较低。原因是收入低的农户，主要收入来源是农业收入，对技术增加产出的效果比较重视，采用技术主要的目的是提高作物产量。在调查中发现，收入较低的农户采用深松耕技术还是因为有政府补贴，免费提供深松机械服务。非农收入占比对农户采用秸秆还田技术的生态效果有显著的负向影响，对农户采用等高耕作和深松耕技术的生态效果影响不显著。家庭收入高的农户，一般非农收入占比相对较高，采用秸秆还田技术主要是为了节约劳动和时间的投入，对技术生态效果不太关注。

自然资源禀赋中，实际耕种面积对农户采用等高耕作技术的生态效果有显著的正向影响，对深松耕和秸秆还田技术的影响不显著。耕种面积越大的农户，农业生产投入越大，对农业技术关注度越高，经过多年的实践，深刻体会到等高耕作技术控制水土流失的效果。土地肥沃程度对农户采用深松耕技术的生态效果有显著的正向影响，对等高耕作和秸秆还田技术的影响不显著。土地越肥沃，农户能从土地中获得的收益越高，对水土流失导致土地退化越关注。调查中发现，在政府推广深松耕技术时，土地越肥沃的地区，农户采用深松耕技术的积极性越高，愿意采用深松耕技术来维持和提高土地肥力，这些农户通过多年采用深松耕，明显感受到深松耕对土壤通透性的改善。耕地细碎化程度和灌溉条件对农户采用秸秆还田技术的生态效果有显著的负向影响，对等高耕作和深松耕技术的影响不显著。耕地集中、地块面积大的农户，在夏季暴雨时，能够明显看到地表径流造成了土壤流失。采用了秸秆还田技术后，地表覆盖有作物残茬，形成了对径流的缓冲和阻挡，增加了土壤的入渗，因此认为秸秆还田技术能够有效地控制水土流失。在调查中发现，拥有灌溉条件的地区，农户认为暴雨和干旱导致的水土流失问题并不严重，秸秆还田技术最主要的是提高土地肥力，对技术控制水土流失的作用评价较低。

社会资源禀赋中，社会网络对农户采用等高耕作和秸秆还田技术的生态效果有显著的正向影响。农户与周围人群的来往越密切，社会资本越丰富，获得的技术信息越全面，对等高耕作技术和秸秆还田技术的生态效果评价越高。社会信任、社会参与和社会声望对农户采用秸秆还田技术的生态效果有正向影响，系数均通过了显著性检验。农户社会资本越丰裕，能够获得的技术信息越全面，对秸秆还田技术控制水土流失的效果越肯定。

控制变量中，年龄对农户采用深松耕技术的生态效果有显著的正向影响，年龄越大的农户，从事农业生产年限较长，在深松耕技术出现之前，一般通过旋耕进行土地翻耕播种。年龄大的农户反映多年旋耕导致土壤板结，土壤中蚯蚓数量大幅度减少，采用深松耕技术后，这些现象均有所缓解。受教育程度对农户采用等高耕作技术的生态效果有显著的正向影响，户主文化程度越高，对等高耕作技术的了解程度越全面，在技术采用过程中能够较好地掌握技术操作要点，控制水土流失的效果越好。是否村干部和家庭劳动力数量对农户采用秸秆还田技术的生态效果有显著的正向影响，调查中发现，户主是村干部的农户，在国家禁止燃烧秸秆减少空气污染的政策下，最早带头采用秸秆还田技术，经过多年采用，认为秸秆还田技术改善了土壤结构，增加了土壤容重，有效缓解了干旱缺水。在山西省汾阳市和吉县的调查中发现，家庭劳动力越多的农户，劳动力多外出务工，认为秸秆还田技术使用便利，节约了劳动力投入。两地大多数农户多年采用秸秆还田技术，认为秸秆还田技术能够提高土壤疏松度，起到蓄水保墒的作用。

由此，假设 10 得到部分验证。

第五节　不同资源禀赋类型农户采用水土保持技术的生态效果分析

本节利用 stata 15.0 软件对不同资源禀赋类型农户采用水土保持技术生态效果进行检验。

一、不同资源禀赋对农户采用等高耕作技术的生态效果分析

由表 8-3 的回归结果可知，资源禀赋的回归模型 P 值均通过了显著性检验，模型拟合效果良好。

表 8-3　不同资源禀赋类型农户采用等高耕作技术生态效果的回归结果

变量	经济占优型		自然占优型		社会占优型	
	系数	标准差	系数	标准差	系数	标准差
家庭总收入	0.0619**	0.0270	0.2285**	0.0941	0.0718	0.0711
非农收入占比	0.1675	0.1941	-0.0711	0.1750	0.2501	0.1702
收入来源	-0.2708	0.3162	-0.4594	0.3376	-0.2889	0.3391
实际耕种面积	0.0132*	0.0078	0.0080	0.0099	0.0148**	0.0071
土地肥沃程度	-0.2074	0.1734	0.6266***	0.2122	-0.0415	0.1312
耕地细碎化	-0.1712**	0.0873	0.0460	0.0972	-0.2402**	0.0971
灌溉条件	-0.5138	0.5445	1.6497	0.7439	-1.2081	0.7678
社会网络	-0.0057	0.2431	0.7137***	0.2579	-0.3969	0.2761
社会信任	-0.3036	0.3160	-0.4554	0.3066	0.6498*	0.3567
社会参与	-0.2068	0.3005	0.8124**	0.3737	-0.5671	0.3826
社会声望	-0.2290	0.2458	0.2669	0.2921	0.0125	0.2617
年龄	-0.0038	0.0144	0.0532***	0.0162	-0.0105	0.0144
受教育程度	-0.2109	0.1490	0.2060	0.1918	-0.1922	0.1519
村干部	0.6880*	0.4165	0.8292	0.6963	0.6784	0.6877
劳动力	-0.1208	0.1395	0.2149	0.2427	0.1043	0.1418
合作社	-0.0832	0.7475	-0.7860	0.7351	-0.8223	0.5993
村庄到县城的距离	0.0029	0.0091	-0.0121	0.0096	-0.0051	0.0096
cut1	-5.6621***	2.6872	4.8081	2.7733	-4.5076***	2.1546
cut2	-4.7191	2.6706	5.1592	2.7779	-3.6260	2.1556
cut3	-2.4028	2.6392	6.4822***	2.8030	-1.1497	2.1158
cut4	—	—	8.7798***	2.8865	—	—
Observations	86		67		95	
LR chi^2	27.77		39.98		26.55	
Pseudo R^2	0.1580		0.2496		0.1530	

注：***、**、*分别表示 1%、5%和 10%的显著性水平。

资源禀赋结构方面，对于经济占优型农户，家庭总收入对农户采用等高耕作技术的生态效果有显著的正向影响；实际耕种面积对农户采用等高耕作技术的生态效果有显著的正向影响。耕地细碎化程度对农户采用等高耕作技术的生态效果有显著的负向影响，耕地对于细碎化导致农户生产中诸多不便，进而影响农户对等高耕作技术生态效果的评价。控制变量中，村干部对农户采用等高耕作技术的生态效果有显著的正向影响，村干部是水土流失治理中的最早参与者和村中集体事务的组织者，在参与水土流失治理过程中，能够对等高耕作技术有更为明确的认知，经过政府的推广和培训，对等高耕作技术控制水土流失的生态效果评价较高。对于自然占优型农户，家庭总收入对农户采用等高耕作技术的生态效果有显著的正向影响；土地肥沃程度对农户采用等高耕作技术的生态效果有显著的正向影响，土地越肥沃的农户，对耕种的土地重视度高，对水土流失导致土地肥力损失的危害认知明确，经过多年耕种实践，对等高耕作技术控制水土流失的作用认可。社会参与对农户采用等高耕作技术的生态效果有显著的正向影响，社会参与越广泛的农户，能够获得更多的等高耕作技术信息，提升对技术生态效果的评价。控制变量中，年龄对农户采用等高耕作技术的生态效果有显著的正向影响，采用等高耕作技术一般是年龄大的农户。采用等高耕作技术的农户平均年龄为 53 岁。年龄大的农户，经历了黄土高原水土流失最为严重的时期，认识到控制水土流失措施的重要性，特别是在农业生产中对等高耕作技术控制水土流失的重要性。对于社会占优型农户，实际耕种面积对农户采用等高耕作技术的生态效果有显著的正向影响；耕地细碎化程度对农户采用等高耕作技术的生态效果有显著的负向影响。社会信任对农户采用等高耕作技术的生态效果有显著的正向影响，农户从周围人群中获取技术信息，社会信任度越高，对获取的信息越信赖。多数农户对等高耕作技术控制水土流失的作用评价较高，会影响其他农户的评价。

二、不同资源禀赋对农户采用深松耕技术生态效果的影响

由表8-4的回归结果可知，资源禀赋的回归模型P值均通过了显著性检验，模型拟合效果良好。

表8-4 不同资源禀赋类型农户采用深松耕技术生态效果的回归结果

变量	经济占优型		自然占优型		社会占优型	
	系数	标准差	系数	标准差	系数	标准差
家庭总收入	0.0409*	0.0235	0.0856*	0.0509	-0.0266	0.0475
非农收入占比	0.1305	0.1619	0.0264	0.0990	0.0699	0.0873
收入来源	-0.1898	0.3160	0.0449	0.1948	-0.2614	0.2061
实际耕种面积	-0.0102	0.0145	-0.0079	0.0175	0.0005	0.0111
土地肥沃程度	0.1929*	0.1188	0.4608***	0.1393	0.2426**	0.1244
耕地细碎化	-0.0546	0.0752	0.0291	0.0749	-0.0449	0.0727
灌溉条件	0.4419**	0.2043	-0.2963	0.2436	-0.0941	0.2050
社会网络	0.2777**	0.1308	0.0801	0.1561	-0.1808	0.1652
社会信任	0.0457	0.1652	0.1241	0.1928	0.1266	0.1972
社会参与	-0.1871	0.1742	0.3496*	0.2100	0.3754*	0.2250
社会声望	0.0222	0.1433	-0.1257	0.1455	0.0663	0.1565
年龄	0.0265***	0.0091	0.0270***	0.0110	0.0137*	0.0084
受教育程度	0.1073	0.1359	-0.0253	0.1330	-0.1633	0.1357
村干部	0.2709	0.3399	-0.6513	0.4043	-0.2240	0.3394
劳动力	0.0651	0.0866	0.1857*	0.1031	-0.1470	0.0933
合作社	-0.6496	0.4002	-0.5259	0.3497	-0.0474	0.3837
村庄到县城的距离	-0.0081	0.0090	-0.0164***	0.0065	-0.0111	0.0078
cut1	0.7611	1.5733	2.2497	1.4279	-0.8029	1.3598
cut2	1.2932	1.5526	3.5585	1.4227	-0.1641	1.3465
cut3	1.9580	1.5462	5.2219	1.4553	0.7069	1.3511
cut4	3.6141***	1.5662	—	—	2.4589	1.3574
Observations	157		132		159	
LR chi^2	38.84		41.78		21.94	
Pseudo R^2	0.1104		0.1546		0.0631	

注：***、**、*分别表示1%、5%和10%的显著性水平。

资源禀赋结构方面，对于经济占优型农户，家庭总收入对农户采用深松耕技术的生态效果有显著的正向影响；土地肥沃程度对农户采用深松耕技术的生态效果有显著的正向影响。灌溉条件对农户采用深松耕技术的生态效果有显著的正向影响，具备灌溉条件的土地，农户种植经济作物的较多，能够获得更高的收入，农户对土地依赖性较强，对水土流失导致的风险比较敏感，认为深松耕技术能够有效控制水土流失。社会网络对农户采用深松耕技术的生态效果有显著的正向影响，农户与周围人的交流越频繁，越能获取更多的技术知识，提高农户对深松耕技术控制水土流失作用的认知。控制变量中，户主年龄对农户采用深松耕技术的生态效果有正向影响，系数通过了1%的显著性水平检验。对于自然占优型农户，家庭总收入对农户采用深松耕技术的生态效果有显著的正向影响；土地肥沃程度对农户采用深松耕技术的生态效果有显著的正向影响；社会参与对农户采用深松耕技术的生态效果有显著的正向影响。控制变量中，户主年龄对农户采用深松耕技术的生态效果有正向影响，系数通过了1%的显著性水平检验；劳动力对农户采用深松耕技术的生态效果有正向影响，家庭劳动力多的农户，多数劳动力外出务工，信息来源渠道多，对深松耕技术控制水土流失的作用有明确的认识；村庄到县城的距离对农户采用深松耕技术的生态效果有显著负向影响，距离县城越近的农户，信息越通畅，越能够认识到技术的生态效果。对于社会占优型农户，土地肥沃程度对农户采用深松耕技术的生态效果有显著的正向影响；社会参与对农户采用深松耕技术的生态效果有显著的正向影响；控制变量中，户主年龄对农户采用深松耕技术的生态效果有正向影响。

三、不同资源禀赋对农户采用秸秆还田技术生态效果的影响

由表8-5的回归结果可知，资源禀赋的回归模型P值均通过了显著性检验，模型拟合效果良好。

资源禀赋结构方面，对于经济占优型农户，非农收入占比对农户采用秸秆还田技术的生态效果有显著的负向影响；土地肥沃程度对农户采用秸秆还

田技术的生态效果有显著的正向影响；灌溉条件对农户采用秸秆还田技术的生态效果有显著的负向影响；社会信任对农户采用秸秆还田技术的生态效果有显著的正向影响；控制变量中，村干部对农户采用秸秆还田技术的生态效果有显著的正向影响。对于自然占优型农户，非农收入占比对农户采用秸秆还田技术的生态效果有显著的负向影响；实际耕种面积对农户采用秸秆还田技术的生态效果有显著的正向影响；耕地细碎化程度对农户采用秸秆还田技术的生态效果有显著负向影响；控制变量中，村干部和加入农机合作社对农户采用秸秆还田技术的生态效果有显著的正向影响。对于社会占优型农户，非农收入占比对农户采用秸秆还田技术的生态效果有显著的负向影响；灌溉条件对农户采用秸秆还田技术的生态效果有显著的负向影响；社会参与和社会声望对农户采用秸秆还田技术的生态效果有正向影响，系数均通过了显著性检验；控制变量中，户主年龄、村干部和劳动力对农户采用秸秆还田技术的生态效果有显著的正向影响。

由此，假设 12 得到验证。

表 8-5　不同资源禀赋类型农户采用秸秆还田技术生态效果的回归结果

变量	经济占优型		自然占优型		社会占优型	
	系数	标准差	系数	标准差	系数	标准差
家庭总收入	-0.0116	0.0080	-0.0168	0.0406	-0.0554	0.0403
非农收入占比	-0.2486**	0.1244	-0.1684**	0.0786	-0.1377*	0.0771
收入来源	0.2781	0.2664	-0.1782	0.1576	-0.0042	0.1814
实际耕种面积	-0.0070	0.0095	0.0208*	0.0114	0.0016	0.0076
土地肥沃程度	0.2094**	0.1046	0.0936	0.0972	-0.0392	0.0889
耕地细碎化	-0.0714	0.0637	-0.1299**	0.0553	0.0198	0.0578
灌溉条件	-0.5914***	0.1855	0.1247	0.2060	-0.4964***	0.1842
社会网络	0.1443	0.1238	0.1644	0.1179	-0.0552	0.1453
社会信任	0.3483**	0.1520	0.0973	0.1505	-0.2667	0.1822
社会参与	0.1687	0.1504	-0.1200	0.1927	0.3106*	0.1801

续表

变量	经济占优型		自然占优型		社会占优型	
	系数	标准差	系数	标准差	系数	标准差
社会声望	0.1169	0.1211	-0.1540	0.1152	0.4329***	0.1400
年龄	-0.0019	0.0084	-0.0007	0.0081	0.0157**	0.0073
受教育程度	-0.0413	0.1220	-0.0885	0.1059	-0.0965	0.1064
村干部	0.6304*	0.3405	0.6843**	0.3189	0.7667**	0.3189
劳动力	0.0924	0.0790	0.1198	0.0779	0.1319*	0.0783
合作社	-0.0493	0.3166	0.4639*	0.2691	-0.0912	0.2805
村庄到县城的距离	-0.0138	0.0089	0.0012	0.0054	-0.0076	0.0071
cut1	2.0572	1.3473	-1.5497	1.1681	0.2283	1.1908
cut2	3.4792***	1.3629	-0.6427	1.1515	0.5237	1.1881
cut3	4.0645***	1.3670	0.7477	1.1490	1.8933	1.1909
cut4	4.7322***	1.3836	2.0199	1.1629	3.5412***	1.2002
Observations	190		167		210	
LR chi^2	31.96		29.81		43.56	
Pseudo R^2	0.0733		0.0684		0.0894	

注：***、**、*分别表示1%、5%和10%的显著性水平。

第六节　本章小结

本章以山西、陕西和甘肃三省1237户农户数据为例，运用有序Probit模型考察资源禀赋对农户采用水土保持技术的经济效果和生态效果的影响以及不同类型农户的差异，主要研究结论如下：

（1）资源禀赋对农户采用水土保持技术的生态效果有显著的影响，对农户采用等高耕作、深松耕和秸秆还田技术生态效果的影响有明显差异。经济资源禀赋方面，家庭总收入对农户采用等高耕作和深松耕技术的生态效果均

有显著的正向影响，对采用秸秆还田技术的生态效果有显著的负向影响。非农收入占比对农户采用秸秆还田技术的生态效果有显著的负向影响，对农户采用等高耕作和深松耕技术的生态效果影响不显著。自然资源禀赋中，实际耕种面积对农户采用等高耕作技术的生态效果有显著的正向影响，对深松耕和秸秆还田技术的影响不显著。土地肥沃程度对农户采用深松耕技术的生态效果有显著的正向影响，对等高耕作和秸秆还田技术的影响不显著。耕地细碎化程度和灌溉条件对农户采用秸秆还田技术的生态效果有显著的负向影响，对等高耕作和深松耕技术的影响不显著。社会资源禀赋中，社会网络对农户采用等高耕作和秸秆还田技术的生态效果有显著的正向影响。社会信任、社会声望和社会参与对农户采用秸秆还田技术的生态效果有正向影响。

（2）不同资源禀赋类型的农户采用水土保持技术的生态效果有明显差异，资源禀赋对不同类型农户的影响有显著区别。等高耕作技术采用中，对于经济占优型农户，家庭总收入、实际耕种面积对农户采用等高耕作技术的生态效果有显著的正向影响，耕地细碎化程度对农户采用等高耕作技术的生态效果有显著的负向影响；对于自然占优型农户，家庭总收入、土地肥沃程度和社会参与对农户采用等高耕作技术的生态效果有显著的正向影响；对于社会占优型农户，实际耕种面积和社会信任对农户采用等高耕作技术的生态效果有显著的正向影响，耕地细碎化程度对农户采用等高耕作技术的生态效果有显著的负向影响。深松耕技术采用中，对于经济占优型农户，家庭总收入、土地肥沃程度、灌溉条件和社会网络对农户采用深松耕技术的生态效果有显著的正向影响；对于自然占优型农户，家庭总收入、土地肥沃程度和社会参与对农户采用深松耕技术的生态效果有显著的正向影响；对于社会占优型农户，土地肥沃程度和社会参与对农户采用深松耕技术的生态效果有显著的正向影响。秸秆还田技术采用中，对于经济占优型农户，非农收入占比和灌溉条件对农户采用秸秆还田技术的生态效果有显著的负向影响，土地肥沃程度和社会信任对农户采用秸秆还田技术的生态效果有显著的正向影响；对于自然占优型农户，非农收入占比和耕地细碎化程度对农户采用秸秆还田技术的生态效果有显著的负向影响，实际耕种面积对农户采用秸秆还田技术的生态效果有显著的正向影响；对于社会占优型农户，非农收入占比和灌溉条件对农户采用秸秆还田技术的生态效果有显著的负向影响，社会声望和社会参与对农户采用秸秆还田技术的生态效果有正向影响。

第九章　结论与政策建议

第一节　主要研究结论

本书通过对计划行为理论、公共物品理论、农户行为理论等进行梳理，推导农户水土保持技术采用的影响机理；基于2019年1月至3月对山西、陕西和甘肃三省的1237份农户调查问卷数据，综合运用因子分析、熵值法、多元线性回归、Logit模型、Heckman样本选择模型、有序Probit模型等多种实证分析方法，从微观角度研究资源禀赋对农户水土保持技术的认知、采用意愿、采用决策及效果的影响，旨在把握农户水土保持技术的采用特征和影响因素。研究结论如下：

一、资源禀赋对农户水土保持技术认知的影响

（1）资源禀赋对农户水土保持技术认知有显著的影响，对农户等高耕作、深松耕和秸秆还田技术的认知影响有明显差异。经济资源禀赋中，家庭总收入和非农收入占比对等高耕作和深松耕技术认知有显著的负向影响，对秸秆还田技术认知有显著的正向影响。自然资源禀赋方面，实际耕种面积对等高耕作、深松耕和秸秆还田技术认知均有显著的正向影响；土地肥沃程度和灌溉条件对等高耕作和秸秆还田技术认知均有显著的正向影响；耕地细碎化程度对等高耕作、深松耕和秸秆还田技术认知均有显著的负向影响。社会

资源禀赋中，社会网络、社会信任、社会声望和社会参与对等高耕作和秸秆还田技术认知有正向影响。

（2）等高耕作技术认知中，对于经济占优型农户，家庭总收入和耕地细碎化程度对技术认知有负向影响；实际耕种面积、灌溉条件、社会声望和社会参与对技术认知有正向影响。对于自然占优型农户，家庭总收入和耕地细碎化程度对技术认知有显著的负向影响；实际耕种面积、社会网络、社会声望和社会参与对技术认知有正向影响。对于社会占优型农户，实际耕种面积、灌溉条件、社会网络、社会信任和社会参与对技术认知有正向影响；耕地细碎化程度对技术认知有显著的负向影响。

（3）深松耕技术认知中，对于经济占优型农户，收入来源、土地肥沃程度和灌溉条件对农户技术认知有正向影响。对于自然占优型农户，家庭总收入、实际耕种面积和社会网络对技术认知有显著的正向影响；耕地细碎化程度对技术认知有显著的负向影响。对于社会占优型农户，非农收入占比对技术认知有显著的负向影响；实际耕种面积和社会参与对农户技术认知有正向影响。

（4）秸秆还田技术认知中，对于经济占优型农户，家庭总收入、实际耕种面积、土地肥沃程度、灌溉条件、社会信任、社会声望和社会参与对农户技术认知有正向影响；耕地细碎化程度对农户技术认知有负向影响。对于自然占优型农户，家庭总收入、实际耕种面积、社会网络、社会声望和社会参与对农户技术认知有正向影响；耕地细碎化程度对农户技术认知有负向影响。对于社会占优型农户，非农收入占比、实际耕种面积、灌溉条件、社会网络、社会信任和社会参与对农户技术认知有正向影响；耕地细碎化程度对农户技术认知有负向影响。

二、资源禀赋对农户水土保持技术采用意愿的影响

（1）资源禀赋对农户水土保持技术采用意愿有显著的影响，对农户等高耕作、深松耕和秸秆还田技术采用意愿的影响有明显差异。经济资源禀赋中，

家庭总收入和非农收入占比对深松耕技术采用意愿有显著的负向影响，对秸秆还田技术采用意愿有显著的正向影响。自然资源禀赋中，实际耕种面积对农户等高耕作和秸秆还田技术采用意愿有显著的正向影响；耕地细碎化程度对深松耕和秸秆还田技术采用意愿有显著的负向影响；灌溉条件对深松耕技术采用意愿有显著的正向影响。社会资源禀赋中，社会信任、社会声望和社会参与对深松耕和秸秆还田技术采用意愿有正向影响。

（2）技术认知在资源禀赋影响农户技术采用意愿中发挥中介效应，其作用因技术不同而有所差异。对于等高耕作技术，技术认知在实际耕种面积对技术采用意愿的影响中为部分中介。对于深松耕技术，技术认知在家庭总收入、非农收入占比和耕地细碎化程度影响技术采用意愿中为部分中介。对于秸秆还田技术，技术认知在家庭总收入、非农收入占比、实际耕种面积、耕地细碎化、社会信任、社会声望和社会参与影响技术采用意愿中为部分中介。

（3）不同资源禀赋类型的农户对等高耕作技术的采用意愿有明显差异，各影响因素对不同类型农户的影响有显著区别。对于经济占优型农户，收入来源途径对技术采用意愿有显著的负向影响。对于自然占优型农户，家庭总收入对技术采用意愿有显著的负向影响；实际耕种面积、社会声望和社会参与对农户技术采用意愿有正向影响。对于社会占优型农户，实际耕种面积对农户技术采用意愿有正向影响。技术认知在自然占优型农户家庭总收入和实际耕种面积对技术采用意愿的影响是部分中介；在自然占优型农户社会参与和社会声望对技术采用意愿的影响是完全中介。

（4）不同资源禀赋类型的农户对深松耕技术的采用意愿有明显差异，各影响因素对不同类型农户的影响有显著区别。对于经济占优型农户，家庭总收入和耕地细碎化程度对技术采用意愿有负向影响；社会声望和社会参与对技术采用意愿有正向影响。对于自然占优型农户，耕地细碎化程度对技术采用意愿有负向影响；灌溉条件对技术采用意愿有显著的正向影响。对于社会占优型农户，家庭总收入和耕地细碎化程度对技术采用意愿有负向影响；社会网络、社会信任、社会声望和社会参与对技术采用意愿有正向影响。

（5）不同资源禀赋类型的农户对秸秆还田技术的采用意愿有明显差异，各影响因素对不同类型农户的影响有显著区别。对于经济占优型农户，家庭总收入、社会信任、社会声望和社会参与对技术采用意愿有正向影响；耕地细碎化程度对技术采用意愿有负向影响。对于自然占优型农户，实际耕种面积和社会信任对技术采用意愿有正向影响；耕地细碎化程度对技术采用意愿有负向影响。对于社会占优型农户，家庭总收入、非农收入占比、社会网络、社会信任和社会参与对技术采用意愿有正向影响；耕地细碎化程度对技术采用意愿有负向影响。技术认知在社会占优型农户非农收入占比、耕地细碎化程度、社会网络、社会信任和社会参与影响技术采用意愿中发挥部分中介作用。

三、资源禀赋对农户水土保持技术采用决策的影响

（1）资源禀赋对水土保持技术采用决策有直接的影响。经济资源禀赋方面，家庭总收入对农户是否采用水土保持技术有正向影响。自然资源禀赋方面，实际耕种面积对农户水土保持技术采用程度有显著的正向影响；土地肥沃程度和灌溉条件对农户是否采用水土保持技术有显著的正向影响；耕地细碎化程度对农户是否采用水土保持技术有显著的负向影响。社会资源禀赋方面，社会网络、社会信任和社会参与对农户水土保持技术采用程度有显著的正向影响。

（2）技术采用意愿在资源禀赋影响农户技术采用决策中发挥中介效应。其中，在农户水土保持技术采用程度中，技术采用意愿在实际耕种面积和社会参与影响农户水土保持技术采用程度中是完全中介；技术采用意愿在社会网络和社会信任影响农户水土保持技术采用程度中是部分中介。在农户是否采用水土保持技术中，技术采用意愿在家庭总收入、土地肥沃程度、耕地细碎化程度和灌溉条件影响农户是否采用水土保持技术中发挥了部分中介作用。

（3）不同资源禀赋类型的农户对水土保持技术的采用决策有明显差异，

各影响因素对不同类型农户的影响有显著区别。对于经济占优型农户，家庭总收入、土地肥沃程度和灌溉条件对农户是否采用水土保持技术和采用程度都有显著的正向影响。对于自然占优型农户，家庭总收入对农户是否采用水土保持技术和采用程度都有显著的正向影响；非农收入占比、实际耕种面积和社会信任对农户水土保持技术采用程度有显著的正向影响；耕地细碎化程度对农户是否采用水土保持技术有显著的负向影响；社会声望对农户是否采用水土保持技术有显著的正向影响；技术采用意愿在家庭总收入、耕地细碎化程度和社会声望影响农户是否采用水土保持技术中是部分中介。对于社会占优型农户，家庭总收入、实际耕种面积、灌溉条件和社会参与对农户水土保持技术的采用程度都有显著的正向影响；耕地细碎化程度对农户是否采用水土保持技术有显著的负向影响；社会网络对农户是否采用水土保持技术和采用程度都有显著的正向影响；社会声望对农户是否采用水土保持技术有显著的正向影响；技术采用意愿在家庭总收入、实际耕种面积、灌溉条件、社会网络和社会参与影响农户水土保持技术采用程度中是部分中介，在耕地细碎化程度、社会网络和社会声望影响农户是否采用水土保持技术中是部分中介。

四、资源禀赋对农户采用水土保持技术的生态效果的影响

资源禀赋对农户采用水土保持技术的生态效果有显著的影响，对农户采用等高耕作、深松耕和秸秆还田技术生态效果的影响有明显差异。家庭总收入对农户采用等高耕作和深松耕技术的生态效果均有显著的正向影响，非农收入占比对农户采用秸秆还田技术的生态效果均有显著的负向影响，实际耕种面积对农户采用等高耕作技术的生态效果有显著的正向影响，土地肥沃程度对农户采用深松耕技术的生态效果有显著的正向影响，耕地细碎化程度和灌溉条件对农户采用秸秆还田技术的生态效果有显著的负向影响，社会网络对农户采用等高耕作和秸秆还田技术的生态效果有显著的正向影响，社会信任、社会声望和社会参与对农户采用秸秆还田技术的生态效果有正向影响。

不同资源禀赋类型的农户采用水土保持技术的生态效果有明显差异，资源禀赋对不同类型农户的影响有显著区别。

第二节 政策建议

一、加强水土保持技术推广，提高农户技术认知水平

水土保持技术有其适用条件和使用方法，由于一些技术专业性较强，农户不能很好地掌握，政府和农业技术部门应加强对水土保持技术的推广。技术推广能够使农户更好地掌握技术要点，特别是对耕地面积大的农户，让农户认识到各项水土保持技术的功能和作用，了解技术适用情况以及可能带来的问题。技术推广部门要扩大技术推广的范围和地域，技术推广的形式要更加多样，可通过广播、宣传栏等形式进行技术宣传，鼓励农户参与，了解农户技术需求，以有针对性地提供技术服务。同时要消除农户对技术的误解，为提高农户对水土保持技术的认知水平，可通过试验田和示范基地起到带动作用。社会资本对水土保持技术的促进作用显著，要加强农户社会网络的构建。建立农户之间相互信赖的多维关系网络，以便于技术信息能够为农户方便获取。关系网络中的核心成员，是水土保持技术推广的主要目标，通过提高他们的技术认知和技术采用，来带动其他农户采用水土保持技术。技术推广能让农户充分认识到技术的经济效益和生态效益，进而促进水土保持技术的持续采用。

二、加强土地流转，促进土地规模化发展

在目前水土保持技术采用过程的影响因素中，耕地规模有显著的正向影响。因此要推动土地流转，解决耕地细碎化问题，为农户采用现有的水土保持技术和未来的新技术提供便利条件。要为农户提供流转土地的服务信息及

平台，降低农户在土地流转中的时间成本。乡镇一级政府要引导农户之间、农户与企业之间土地流转交易的规范化运行，交易双方要签订正规的合同。通过鼓励延长土地流转期限，促进土地规模化发展，使农户能够更好地将水土保持技术应用于农业生产中。同时加强对规模农户进行水土保持技术的推广，提高农户对水土流失风险的认知和技术效果的认知，进而提高技术采用率。通过规模农户的示范和带动作用，提高黄土高原地区水土保持技术的采用强度。

三、加快研发和推广中小型农机，提升机械化水平

在农户采用水土保持技术过程中，一些地区存在机械不配套问题，导致农户对技术效果的评价较低。需要研发适用于不同地形、小地块的机械投入使用，提高效率，进而提升技术采用的效果。加快适合坡地和梯田的中小型农机的推广，同时注意中小型农机与水土保持技术之间要相互配套，为农户提供适合的机械。同时加大对农户的农机使用的培训力度，尤其是年龄大的农户。鼓励规模农户加入农机合作社，通过合作组织方式，提高农户的水土保持技术的采用率。一些机械化水平较低的地区，应通过农机补贴鼓励有条件的农户购买配套机械，提升机械化水平，让农户感受到技术的便利性；而一些农用机械较多的地区，可以为农户提供机械服务价格的补贴，降低农户使用机械的成本，进而鼓励其采用水土保持技术。

四、提供多种形式的补贴，鼓励农户技术采用

采用水土保持技术能够带来可观的生态效果，同时农户采用水土保持技术会导致农业生产投入的增加，因此为鼓励农户积极采用技术，需要政府提供补贴。一些地区以前提供过技术补贴，但补贴延续性较差，需要进一步完善。补贴的形式应该多样化，如现金补贴、农机补贴、实物补贴、服务价格补贴等，可实行多样化补贴组合，如实物补贴和现金补贴相结合、农机补贴和实物补贴相结合、农资补贴和技术补贴相结合等。为提高水土保持技术的

采用率，对不同类型的农户应提供有差异的激励。兼业程度较高和家庭收入水平较高的农户，其水土保持技术采用率相对较高，应通过政府补贴鼓励其继续采用。以农业收入为主和家庭收入较低的农户，单纯政府补贴不能很好地发挥作用，需要同时配合宣传和培训，提高其对水土流失危害的认识。对于不同地区，补贴的形式要有所差异。另外实施补贴时要进行广泛的宣传，让农户能够清楚明白地知晓补贴的信息，提高农户采用水土保持技术的积极性。

参考文献

[1] Adesina A A, Zinnah M M. Technology characteristics, farmers' perceptions and adoption decisions: A Tobit model application in Sierra Leone [J]. Agricultural Economics, 1993, 9 (4): 297-311.

[2] Ajzen I. The theory of planned behavior [J]. Organizational Behavior & Human Decision Processes, 1991, 50 (2): 179-211.

[3] Ali A, Sharif M. Impact of integrated weed management on cotton producers earnings in Pakistan [J]. Asian Economic Journal, 2011, 25 (4): 413-428.

[4] Alphonse N, Genxing Pan, Stephen J. Factors influencing the adoption of soil conservation techniques in Northern Rwanda [J]. Journal of Plant Nutrition and Soil Science, 2016, 179 (3): 367-375.

[5] Armitage E L, Aldhous M C, Anderson N, et al. Incidence of juvenile-onset Crohn's disease in Scotland: Association with northern latitude and affluence. [J]. Lancet, 1999, 127 (4): 1051-1057.

[6] Asayehegn K, Temple L, Sanchez B, et al. Perception of climate change and farm level adaptation choices in central Kenya [J]. Cahiers Agricultures, 2017, 26 (2): 1-10.

[7] Azumah S B, Donkoh S A, Ansah I. Contract farming and the adoption of climate change copingand adaptation strategies in the northern region of Ghana

[J] . Environment Development and Sustainability, 2017, 19 (6): 2275-2295.

[8] Bahinipati C S, Viswanathan P K. Incentivizing resource efficient technologies in India: Evidence from diffusion of micro-irrigation in the dark zone regions of Gujarat [J] . Land Use Policy, 2019, 86: 253-260.

[9] Barham B L, Chavas J P, Fitz D, et al. The roles of risk and ambiguity in technology adoption [J] . Journal of Economic Behavior & Organization, 2014, 94: 204-218.

[10] Becker G S. A theory of allocation of time [J] . Economic Journal, 1965, 75 (299): 493-517.

[11] Bitterman P, Bennett D A, Secchi S. Constraints on on farmer adaptability in the Iowa - Cedar River Basin [J] . Environmental Science & Policy, 2019, 92: 9-16.

[12] Bourdieu P. The forms of capital in Richardson [M] //Handbook of theory and Research for the sociology of education. New York: Greenwood Press, 1986.

[13] Burnham M, Ma Z, Zhu D L. The human dimensions of water saving irrigation: Lessons learned from Chinese smallholder farmers [J] . Agriculture & Human Values, 2015, 32 (2): 347-360.

[14] Chen X D, Lu P F, He G M, et al. Linking social norms to efficient conservation investment in payments for ecosystem services [J] . Proceedings of the National Academy of Sciences of the United States of America, 2009, 106 (28): 11812-11817.

[15] Chikowo R, Zingore S, Sieglinde S. Farm typologies, soil fertility variability and nutrient management in smallholder farming in Sub - Saharan Africa [J] . Nutrient Cycling in Agroecosystems, 2014, 100 (1): 1-18.

[16] Cortignani R, Severini S. An extended PMP model to analyze farmers'

adoption of deficit irrigation under environmental payments [J] . Spanish Journal of Agricultural Research, 2011, 9 (4): 1035-1046.

[17] Dalton T J, Lilja N K, Johnson N, et al. Farmer Participatory Research and Soil Conservation in Southeast Asian Cassava Systems [J] . World Development, 2011, 39 (12): 2176-2186.

[18] Darkwah K A, Kwawu J D, Agyire F, et al. Assessment of the determinants that influence the adoption of sustainable soil and water conservation practices in Techiman Municipality of Ghana [J] . International Soil and Water Conservation Research, 2019, 7 (3): 248-257.

[19] Dessie Y, Wurzinger M, Hauser M. The role of social learning for soil conservation: the case of Amba Zuria land management, Ethiopia [J]. International Journal of Sustainable Development and World Ecology, 2012, 19 (3): 258-267.

[20] Ding S J, Laura M W, Robert R, et al. The impact of agricultural technology adoption on income inequality in rural China: Evidence from southern Yunnan Province [J] . China Economic Review - Greenwich, 2011, 22 (3): 344-356.

[21] D'Antonia J M, Mishrab A K, Powellc R, et al. Farmers' perception of precision technology: The case of autosteer adoption by cotton farmers [J] . Computers and Electronics in Aqriculture, 2012, 87: 121-128.

[22] Engel S, Pagiola S, Wunder S. Designing payments for environmental services in theory and practice: An overview of the issues [J] . Ecological Economics, 2008, 65 (4): 663-674.

[23] Franke A C, Baijukya F, Kantengwa S, et al. Poor farmers - poor yields: socio - economic, soil fertility and crop management indicators affecting climbing bean productivity in northern rwanda [J] . Experimental Agriculture,

2016: 1-21.

[24] Gao Y, Zhao D, Yu L, et al. Duration analysis on the adoption behavior of green control techniques [J]. Environmental Science and Pollution Research, 2019, 26 (7): 6319-6327.

[25] Gulati A, Rai S C. Farmers' willingness-to-pay towards soil and water conservation measures in agro - ecosystems of Chotanagpur Plateau, India [J]. Water & Environment Journal, 2016, 29 (4): 523-532.

[26] Hayati B, Momeni C D, Haghjou M. Identification of factors affecting adoption of soil conservation practices by some rainfed farmers in Iran [J]. Journal of Agricultural Science & Technology, 2014, 16 (5): 957-967.

[27] Irshad M, Khan A, Inoue M, et al. Identifying factors affecting agroforestry system in Swat, Pakistan [J]. African journal of agricultural research, 2011, 6 (11): 2586-2593.

[28] Jara-Rojas R, Bravo-Ureta B E, Engler A, et al. An analysis of the joint adoption of water conservation and soil conservation in Central Chile [J]. Land Use Policy, 2013, 32: 292-301.

[29] John A. Factors affecting the adoption of soil conservation measures: A case study of Fijian cane farmers [J]. Journal of Agricultural & Resource Economics, 2008, 33 (1): 99-117.

[30] Karidjo B Y, Wang Z Q, Boubacar Y, et al. Factors influencing farmers' adoption of Soil and Water Control Technology (SWCT) in Keita Valley, a Semi-Arid area of niger [J]. Sustainability, 2018, 10 (2): 1-13.

[31] Kassie M, Köhlin G, Bluffstone R, et al. Are soil conservation technologies "win-win"? A case study of Anjeni in the north-western Ethiopian highlands [J]. Natural Resources Forum, 2013, 35 (2): 89-99.

[32] Kassie M, Pender J, Yesuf M, et al. Estimating returns to soil conser-

vation adoption in the northern Ethiopian highlands [J] . Agricultural Economics, 2008, 38 (2): 213-232.

[33] Kassie M, Teklewold H, Jaleta M, et al. Understanding the adoption of a portfolio of sustainable intensification practices in eastern and southern Africa [J] . Land Use Policy, 2015, 42: 400-411.

[34] Kebebe E G, Oosting S J, Baltenweck I, et al. Characterisation of adopters and non-adopters of dairy technologies in Ethiopia and Kenya [J]. Tropical Animal Health and Production, 2017, 49 (4): 681-690.

[35] Kleemann L, Abdulai A. Organic certification, agro-ecological practices and return on investment: Evidence from pineapple producers in Ghana [J] . Ecological Economics, 2013, 93: 330-341.

[36] Kuivanen K S, Alvarez S, Michalscheck M, et al. Characterising the diversity of smallholder farming systems and their constraints and opportunities for innovation: A case study from the Northern Region, Ghana [J] . NJAS-Wageningen Journal of Life Sciences, 2016, 78: 153-166.

[37] Lalani B, Dorward P, Holloway G, et al. Smallholder farmers' motivations for using Conservation Agriculture and the roles of yield, labour and soil fertility in decision making [J] . Agricultural Systems, 2016 (146): 80-90.

[38] Liang Y C, Li S Z, Feldman M W, et al. Does household composition matter? the impact of the Grain for Green Program on rural livelihoods in China [J] . Ecological Economics, 2012, 75: 152-160.

[39] Liu Li, Shangguan Dingyi, Li Xiaogfang, et al. Influence of peasant household differentiation and risk perception on soil and water conservation tillage technology adoption—An analysis of moderating effects based on government subsidy [J] . Journal of Cleaner Production, 2021, 288, 125092.

[40] Liu Y, Ruiz M J, Zhang L, et al. Technical training and rice farmers'

adoption of low-carbon management practices: The case of soil testing and formulated fertilization technologies in Hubei, China [J]. Journal of Cleaner Production, 2019, 226: 454-462.

[41] Mabah G, Oyekale A S. Analysis of Factors Influencing Farm Households' Adoption of Maize Technical Package in Western Cameroon [J]. Life Science Journal - Acta Zhengzhou University Overseas Edition, 2012, 9 (4): 3841-3845.

[42] Manda J A, Arega D, Gardebroek C, et al. Adoption and impacts of sustainable agricultural practices on maize yields and incomes: Evidence from Rural Zambia [J]. Journal of Agricultural Economics, 2016, 67 (1): 130-153.

[43] Matous P. Social networks and environmental management at multiple levels: Soil conservation in Sumatra [J]. Ecology and Society, 2015, 20 (3): 200337.

[44] Mengistu F, Assefa E. Farmers' decision to adopt watershed management practices in Gibe basin, southwest Ethiopia [J]. International Soil and Water Conservation Research, 2019, 7 (4): 376-387.

[45] Milder J C, Scherr S J, Bracer C. Trends and future potential of payment for ecosystem services to alleviate rural poverty in developing countries [J]. Ecology & Society, 2010, 15 (12): 1-19.

[46] Mtambanengwe F, Mapfumo P. Organic matter management as an underlying cause for soil fertility gradients on smallholder farms in Zimbabwe [J]. Nutrient Cycling in Agroecosystems, 2005, 73 (2-3): 227-243.

[47] Mutsvangwa-Sammie E P, Manzungu E, Siziba S. Profiles of innovators in a semi-arid smallholder agricultural environment in south west Zimbabwe [J]. Physics and Chemistry of the Earth, Parts A/B/C, 2017, 100 (8): 325-335.

[48] Mwalupaso G E, Korotoumou M, Eshetie A M, et al. Recuperating dy-

namism in agriculture through adoption of sustainable agricultural technology-implications for cleaner production [J] . Journal of Cleaner Production, 2019, 232: 639-647.

[49] Nahayo A, Pan G, Joseph S. Factors influencing the adoption of soil conservation techniques in Northern Rwanda [J] . Journal of Plant Nutrition and Soil Science, 2016, 179 (3): 367-375.

[50] Nyamangara J, Makarimayi E, Masvaya E N, et al. Effect of soil fertility management strategies and resource-endowment on spatial soil fertility gradients, plant nutrient uptake and maize growth at two smallholder areas, north-western Zimbabwe [J] . South African Journal of Plant and Soil, 2011, 28 (1): 1-10.

[51] Ofuoku A U, Egho E O, Enujeke E C. Integrated Pest Management (IPM) adoption among farmers in central agro-ecological zone of Delta State, Nigeria [J] . African Journal of Agricultural Research, 2008, 3 (12): 852-856.

[52] Owusu V, Abdulai A. Examining the economic impacts of integrated pest management among vegetable farmers in Southern Ghana [J] . Journal of Environmental Planning and Management, 2019, 62 (11): 1886-1907.

[53] Paresys L, Malezieux E, Huat J, et al. Between all-for-one and each-for-himself: On-farm competition for labour as determinant of wetland cropping in two Beninese villages [J] . Agricultural Systems, 2018, 59: 126-138.

[54] Portes A. Economic sociology and the sociology of immigration: A conceptual overview [M] . New York: Russell Sage Foundation, 1995.

[55] Posthumus H, Deeks L K, Rickson R J, et al. Costs and benefits of erosion control measures in the UK [J] . Soil Use & Management, 2015, 31 (S1): 16-33.

[56] Posthumus H, DeGraaff J. Cost-benefit analysis of bench terraces, a case study in Peru [J] . Landdegradation &development, 2005, 16 (1): 1-11.

[57] Pratt O J, Wingenbach G. Factors affecting adoption of green manure and cover crop technologies among Paraguayan smallholder farmers [J]. Agroecology and Sustainable Food Systems, 2016, 40 (10): 1043-1057.

[58] Prokopy L S, Floress K, Klotthor-Weinkauf D, et al. Determinants of agricultural best management practice adoption: Evidence from the literature [J]. Journal of Soil & Water Conservation, 2008, 63 (5): 300-311.

[59] Rhodes R E, Smith N. Personality correlates of physical activity: a review and meta-analysis [J]. British Journal of Sports Medicine, 2006, 40: 958-965.

[60] Roberto M, María Á. García V. Adopting versus adapting: Adoption of water-saving technology versus water conservation habits in Spain [J]. International Journal of Water Resources Development, 2013, 29 (3): 400-414.

[61] Roco F L A B, Engler P A B, Jararojas R B. Factors influencing the adoption of soil conservation technologies in the rainfed area of Central Chile [J]. Revista de la Facultad de Ciencias Agrarias, 2012, 44 (2): 31-45.

[62] Saint-Macary C, Keil A, Zeller M, et al. Land titling policy and soil conservation in the northern uplands of Vietnam [J]. Land Use Policy, 2010, 27 (2): 617-627.

[63] Sanginga PC, Kamugisha R N, Martin A M. Conflicts management, social capital and adoption of agroforestry technologies: Empirical findings from the highlands of southwestern Uganda [J]. Agrofor Syst, 2007, 69 (1): 67-76.

[64] Sheeran P, Trafimow D, Finlay K A, et al. Evidence that the type of person affects the strength of the perceived behavioural control-intention relationship [J]. British Journal of Social Psychology, 2011, 41 (2): 253-270.

[65] Shinbrot X A, Jones K W, Rivera-Castañeda A, et al. Smallholder Farmer Adoption of Climate-Related Adaptation Strategies: The Importance of Vul-

nerability Context, Livelihood Assets, and Climate Perceptions [J]. Environmental Management, 2019, 63 (5): 583-595.

[66] Shukla R, Agarwal A, Sachdeva K, et al. Climate change perception: An analysis of climate change and risk perceptions among farmer types of Indian Western Himalayas [J]. Climatic Change, 2019, 152 (1): 103-119.

[67] Sklenicka P, Molnarova K J, Salek M, et al. Owner or tenant: Who adopts better soil conservation practices? [J]. Land Use Policy, 2015, 47: 253-261.

[68] Soltani S, Azadi H, Mahmoudi H, et al. Organic agriculture in Iran: Farmersbarriers to and factors influencing adoption [J]. Renewable Agriculture & Food Systems, 2014, 29 (2): 126-134.

[69] Soule M J, Shepherd K D. An ecological and economic analysis of phosphorus replenishment for Vihiga Division, western Kenya [J]. Agricultural Systems, 2000, 64 (2): 83-98.

[70] Swagat G, Supriyo M, Amitava D, et al. Social, Economic, and Production Characteristics of Freshwater Prawn, Macrobrachium rosenbergii (De Man, 1879) Culture in West Bengal, India [J]. Aquaculture International, 2017, 25 (1): 1935-1957.

[71] Teshome, Akalu, de Graaff, et al. Investments in land management in the north-western highlands of Ethiopia: The role of social capital [J]. Land Use Policy, 2016 (57): 215-228.

[72] Timprasert S, Datta A, Ranamukhaarachchi S L. Factors determining adoption of integrated pest management by vegetable growers in Nakhon Ratchasima Province, Thailand [J]. Crop Protection, 2014, 62: 32-39.

[73] Trujillo B, Andres P, Joost M E, et al. Understanding producers motives for adopting sustainable practices: The role of expected rewards, risk percep-

tion and risk tolerance [J]. European Review of Agricultural Economics, 2016, 43 (3): 359-382.

[74] Villano R, Bravo U, Boris, Solís D, et al. Modern Rice Technologies and Productivity in the Philippines: Disentangling Technology from Managerial Gaps [J]. Journal of Agricultural Economics, 2015, 66 (1): 129-154.

[75] Wang C H, Wen Y L, Duan W, et al. Coupling Relationship Analysis on Households' Production Behaviors and Their Influencing Factors in Nature Reserves: A Structural Equation Model [J]. Chinese Geographical Science, 2013 (4): 120-132.

[76] Watcharaanantapong P, Roberts R K, Lambert D M, et al. Timing of precision agriculture technology adoption in US cotton production [J]. Precision Agriculture, 2014, 15 (4): 427-446.

[77] Wildemeersch J C J, Timmerman E, Mazijn B, et al. Assessing the constraints to adopt water and soil conservation techniques in Tillaberi, Niger [J]. Land Degradation & Development, 2015, 26 (5): 491-501.

[78] Willy D K, Holm-Müller K. Social influence and collective action effects on farm level soil conservation effort in rural Kenya [J]. Ecological Economics, 2013, 90 (3): 94-103.

[79] Willy D K, Zhunusova E, Holm-Müller K. Estimating the joint effect of multiple soil conservation practices: A case study of smallholder farmers in the Lake Naivasha basin, Kenya [J]. Land Use Policy, 2014, 39: 177-187.

[80] Wollni M, Andersson C. Spatial patterns of organic agriculture adoption: Evidence from Honduras [J]. Ecological Economics, 2014, 97: 120-128.

[81] Wubeneh N G, Sanders J H. Farm-level adoption of new sorghum technologies in Tigray, Ethiopia [J]. Agricultural Systems, 2006, 91 (1-2): 122-134.

[82] Xu H, Huang X J, Zhong T Y, et al. Chinese land policies and farmers' adoption of organic fertilizer for saline soils [J]. Land Use Policy, 2014, 38: 541-549.

[83] Yusuf M B, Mustafa F B, Salleh K O, et al. Farmer perception of soil erosion and investment in soil conservation measures: Emerging evidence from northern Taraba State, Nigeria [J]. Soil Use & Management, 2017, 33 (1): 163-173.

[84] Zein K, Teresa S, José M G. Farmers' objectives as determinants of organic farming adoption: The case of Catalonian vineyard production [J]. Agricultural Economics, 2010, 41 (5): 409-423.

[85] 曹慧，赵凯．农户非农就业、耕地保护政策认知与亲环境农业技术选择——基于产粮大县1422份调研数据 [J]．农业技术经济，2019 (5): 52-65.

[86] 曹世雄，陈莉，余新晓．陕北农民对退耕还林的意愿评价 [J]．应用生态学报，2009，20 (2): 426-434.

[87] 车明轩，宫渊波，Muhammad N K，等．不同雨强、坡度对秸秆覆盖保持水土效果的影响 [J]．水土保持学报，2016，30 (2): 131-135，142.

[88] 陈珂，张丽娜，周荣伟．基于发展预期的农户退耕还林后续产业参与行为影响因素分析——对辽宁省农户的实证研究 [J]．林业经济问题，2011，31 (1): 6-10.

[89] 陈茜，田治威，段伟．禀赋异质性对农户风险偏好影响的实证检验 [J]．统计与决策，2019，35 (8): 104-107.

[90] 陈英，谢保鹏，张仁陟．农民土地价值观代际差异研究——基于甘肃天水地区调查数据的实证分析 [J]．干旱区资源与环境，2013，27 (10): 51-57.

［91］陈玉萍，吴海涛，Sushil P，等．技术采用对农户间收入分配的影响：来自滇西南山区的证据［J］．中国软科学，2009（7）：35-41，55.

［92］陈玉萍，吴海涛，陶大云，等．基于倾向得分匹配法分析农业技术采用对农户收入的影响——以滇西南农户改良陆稻技术采用为例［J］．中国农业科学，2010，43（17）：3667-3676.

［93］陈新发，朱大容．敬梓乡退耕还林措施得力效果好［J］．中国水土保持，1992（12）：9.

［94］储成兵．农户病虫害综合防治技术的采纳决策和采纳密度研究——基于Double-Hurdle模型的实证分析［J］．农业技术经济，2015（9）：117-127.

［95］楚宗岭，庞洁，蒋振，等．贫困地区农户参与生态补偿自愿性影响因素分析：以退耕还林和公益林补偿为例［J］．生态与农村环境学报，2019，35（6）：738-746.

［96］丁琳琳，吴群．财产权制度、资源禀赋与农民土地财产性收入——基于江苏省1744份农户问卷调查的实证研究［J］．云南财经大学学报，2015，31（3）：80-88.

［97］丁士军，马志雄，张银银．农户参与水土保持项目的满意度分析——以云贵鄂渝小流域治理世界银行项目为例［J］．农业技术经济，2012（3）：28-36.

［98］方松海，孔祥智．农户禀赋对保护地生产技术采纳的影响分析——以陕西、四川和宁夏为例［J］．农业技术经济，2005（3）：35-42.

［99］丰军辉，何可，张俊飚．家庭禀赋约束下农户作物秸秆能源化需求实证分析——湖北省的经验数据［J］．资源科学，2014，36（3）：530-537.

［100］冯琳，徐建英，邸敬涵．三峡生态屏障区农户退耕受偿意愿的调查分析［J］．中国环境科学，2013，33（5）：938-944.

［101］冯燕，吴金芳．合作社组织、种植规模与农户测土配方施肥技术采纳行为——基于太湖、巢湖流域水稻种植户的调查［J］．南京工业大学学报（社会科学版），2018，17（6）：28-37.

［102］高辉灵，梁昭坚，陈秀兰，等．测土配方施肥技术采纳意愿的影响因素分析——基于对福建省农户的问卷调查［J］．福建农林大学学报（哲学社会科学版），2011，14（1）：52-56.

［103］高扬，牛子恒．风险厌恶、信息获取能力与农户绿色防控技术采纳行为分析［J］．中国农村经济，2019（8）：109-127.

［104］耿飙，罗良国．种植规模、环保认知与环境友好型农业技术采用——基于洱海流域上游农户的调查数据［J］．中国农业大学学报，2018，23（3）：164-174.

［105］耿宇宁，郑少锋，刘婧．农户绿色防控技术采纳的经济效应与环境效应评价——基于陕西省猕猴桃主产区的调查［J］．科技管理研究，2018，38（2）：245-251.

［106］耿宇宁，郑少锋，陆迁．经济激励、社会网络对农户绿色防控技术采纳行为的影响——来自陕西猕猴桃主产区的证据［J］．华中农业大学学报（社会科学版），2017（6）：59-69，150.

［107］耿宇宁，郑少锋，王建华．政府推广与供应链组织对农户生物防治技术采纳行为的影响［J］．西北农林科技大学学报（社会科学版），2017，17（1）：116-122.

［108］顾俊，陈波，徐春春，等．农户家庭因素对水稻生产新技术采用的影响——基于对江苏省 3 个水稻生产大县（市）290 个农户的调研［J］．扬州大学学报（农业与生命科学版），2007，28（2）：57-60.

［109］郭格，陆迁，李玉贝．外部冲击、社会网络对农户节水灌溉技术采用的影响——基于甘肃张掖的调查数据［J］．干旱区资源与环境，2017，31（12）：33-38.

［110］郭慧敏，乔颖丽．农户发展退耕还林后续产业意愿的影响因素实证分析［J］．农业经济，2012（8）：86-89.

［111］韩洪云，喻永红．退耕还林的土地生产力改善效果：重庆万州的实证解释［J］．资源科学，2014，36（2）：389-396.

［112］韩洪云，喻永红．退耕还林生态补偿研究——成本基础、接受意愿抑或生态价值标准［J］．农业经济问题，2014，35（4）：64-72+112.

［113］韩洪云，赵连阁．农户灌溉技术选择行为的经济分析［J］．中国农村经济，2000（11）：70-74.

［114］韩俊．以习近平总书记“三农”思想为根本遵循实施好乡村振兴战略［J］．管理世界，2018，34（8），1-10.

［115］韩青，谭向勇．农户灌溉技术选择的影响因素分析［J］．中国农村经济，2004（1）：63-69.

［116］贺志武，胡伦，陆迁．农户风险偏好、风险认知对节水灌溉技术采用意愿的影响［J］．资源科学，2018，40（4）：797-808.

［117］贺志武，雷云，陆迁．技术不确定性、社会网络对农户节水灌溉技术采用的影响——以甘肃省张掖市为例［J］．干旱区资源与环境，2018，32（5）：59-63.

［118］胡伦，陆迁．干旱风险冲击下节水灌溉技术采用的减贫效应——以甘肃省张掖市为例［J］．资源科学，2018，40（2）：417-426.

［119］虎陈霞，傅伯杰，陈利顶．浅析退耕还林还草对黄土丘陵沟壑区农业与农村经济发展的影响——以安塞县为例［J］．干旱区资源与环境，2006（4）：67-72.

［120］黄丹晨，吴海涛，亢庆，等．农户对水土保持措施满意度的影响因素分析［J］．统计与决策，2013（23）：99-101.

［121］黄丹晨，吴海涛．水土保持项目对农户生计影响的效应评价［J］．统计与决策，2013（16）：106-108.

［122］黄晓慧，陆迁，王礼力．资本禀赋、生态认知与农户水土保持技术采用行为研究——基于生态补偿政策的调节效应［J］．农业技术经济，2019，19（2）：1-15.

［123］黄晓慧，王礼力，陆迁．农户认知、政府支持与农户水土保持技术采用行为研究——基于黄土高原 1152 户农户的调查研究［J］．干旱区资源与环境，2019，33（3）：21-25.

［124］黄晓慧，王礼力，陆迁．农户水土保持技术采用行为研究——基于黄土高原 1152 户农户的调查数据［J］．西北农林科技大学学报（社会科学版），2019，19（2）：133-141.

［125］黄晓慧，王礼力，陆迁．资本禀赋对农户水土保持技术价值认知的影响——以黄土高原区为例［J］．长江流域资源与环境，2019，28（1）：222-230.

［126］黄玉祥，韩文霆，周龙，等．农户节水灌溉技术认知及其影响因素分析［J］．农业工程学报，2012，28（18）：113-120.

［127］霍学喜，王静，朱玉春．技术选择对苹果种植户生产收入变动影响——以陕西洛川苹果种植户为例［J］．农业技术经济，2011（6）：12-21.

［128］贾蕊，陆迁．土地流转促进黄土高原区农户水土保持措施的实施吗？——基于集体行动中介作用与政府补贴调节效应的分析［J］．中国农村经济，2018（6）：38-54.

［129］贾蕊，陆迁．信贷约束、社会资本与节水灌溉技术采用——以甘肃张掖为例［J］．中国人口·资源与环境，2017，27（5）：54-62.

［130］江鑫，颜廷武，尚燕，等．土地规模与农户秸秆还田技术采纳——基于冀鲁皖鄂 4 省的微观调查［J］．中国土地科学，2018，32（12）：42-49.

［131］孔祥利，陈新旺．资源禀赋差异如何影响农民工返乡创业——基于 CHIP2013 调查数据的实证分析［J］．产经评论，2018，9（5）：112-121.

［132］黎洁，陆昕，李树茁．小流域治理后农户福利变化与差异的研究——以陕西省安康市为例［J］．西安交通大学学报（社会科学版），2014，34（2）：68-73.

［133］李冬梅，刘智，唐殊，等．农户选择水稻新品种的意愿及影响因素分析——基于四川省水稻主产区402户农户的调查［J］．农业经济问题，2009（11）：44-50.

［134］李国平，石涵予．退耕还林生态补偿标准、农户行为选择及损益［J］．中国人口·资源与环境，2015，25（5）：152-161.

［135］李军．黄土高原地区种植制度研究［M］．咸阳：西北农林科技大学出版社，2004.

［136］李曼，陆迁，乔丹．技术认知、政府支持与农户节水灌溉技术采用——基于张掖甘州区的调查研究［J］．干旱区资源与环境，2017，31（12）：27-32.

［137］李楠楠，周宏．农户资本禀赋对耕地质量保护行为选择的影响——以江西省为例［J］．地域研究与开发，2019，38（2）：153-157.

［138］李萍，王军．财政支农资金转为农村集体资产股权量化改革、资源禀赋与农民增收——基于广元市572份农户问卷调查的实证研究［J］．社会科学研究，2018（3）：44-52.

［139］李莎莎，朱一鸣，马骥．农户对测土配方施肥技术认知差异及影响因素分析——基于11个粮食主产省2172户农户的调查［J］．统计与信息论坛，2015，30（7）：94-100.

［140］李树茁，梁义成．退耕还林政策对农户生计的影响研究——基于家庭结构视角的可持续生计分析［J］．公共管理学报，2010，7（2）：1-10，122.

［141］李卫，薛彩霞，姚顺波．农户保护性耕作技术采用行为及其影响因素：基于黄土高原476户农户的分析［J］．中国农村经济，2017（1）：

44-57，94-95.

［142］李卫忠，吴付英，吴宗凯，等．退耕还林对农户经济影响的分析——以陕西省吴起县为例［J］．西北林学院学报，2007，22（6）：161-164.

［143］李晓平，谢先雄，赵敏娟．资本禀赋对农户耕地面源污染治理受偿意愿的影响分析［J］．中国人口·资源与环境，2018，28（7）：93-101.

［144］李玉贝，陆迁，郭格．农户对水土保持技术的支付意愿及影响因素分析——基于社会关系网络视角［J］．干旱区资源与环境，2018，32（4）：31-36.

［145］李占斌，朱冰冰，李鹏，等．土壤侵蚀与水土保持研究进展［J］．土壤学报，2008，45（5）：802-809.

［146］李子琳，韩逸，郭熙，等．基于SEM的农户测土配方施肥技术采纳意愿及其影响因素研究［J］．长江流域资源与环境，2019，28（9）：2119-2129.

［147］梁凡，朱玉春．资源禀赋对山区农户贫困脆弱性的影响［J］．西北农林科技大学学报（社会科学版），2018，18（3）：131-140.

［148］廖沛玲，李晓静，毕梦琳，等．家庭禀赋、认知偏好与农户退耕成果管护——基于陕甘宁554户调研数据［J］．干旱区资源与环境，2019，33（5）：47-53.

［149］廖炜，高超，刘汉生，等．基于Logistic回归分析的农户参与水土流失治理状况研究——以鄂西地区为例［J］．长江流域资源与环境，2015，24（5）：892-898.

［150］刘滨，康小兰，殷秋霞，等．农业补贴政策对不同资源禀赋农户种粮决策行为影响机理研究——以江西省为例［J］．农林经济管理学报，2014，13（4）：376-383.

［151］刘会静，王继军．黄土高原退耕区农业后续产业发展影响因素的

多层线性分析［J］. 经济地理，2014，34（2）：125-130.

［152］刘克春，苏为华. 农户资源禀赋、交易费用与农户农地使用权流转行为——基于江西省农户调查［J］. 统计研究，2006（5）：73-77.

［153］刘丽，白秀广，姜志德. 国内保护性耕作研究知识图谱分析——基于 CNKI 的数据［J］. 干旱区资源与环境，2019（4）：76-81.

［154］刘丽，白秀广，姜志德. 空间异质性下农户水土保持技术采用行为研究——基于黄土高原 3 生 6 县的实证［J］. 长江流域资源与环境，2020（8）：1874-1884.

［155］刘丽，褚力其，姜志德. 技术认知、风险感知对农户水土保持技术采用意愿的影响研究——基于代际差异的视角［J］. 资源科学，2020，42（4）：763-775.

［156］刘丽，郝净净，姜志德. 基于 TPB 框架的农户水土保持技术采用意愿及代际差异研究［J］. 干旱区资源与环境，2020（5）：51-57.

［157］刘丽，上官定一，雷传方，等. 基于多维异质性的农户保护性耕作技术采用效应研究［J］. 干旱区资源与环境，2020（10）：119-125.

［158］刘丽，苏玥，姜志德. 社会资本对农户保护性耕作技术采用的影响及区域差异研究——基于技术认知的中介效应分析［J］. 长江流域资源与环境，2020（9）：2057-2067.

［159］刘璐璐. 退耕还林工程对贫困山区农户生计的影响——以甘肃会宁县为例［J］. 山东农业大学学报（自然科学版），2018，49（3）：543-546，550.

［160］刘璞，姚顺波. 退耕还林前后农户能力贫困的比较研究［J］. 统计与决策，2015（16）：53-56.

［161］刘燕，董耀. 后退耕时代农户退耕还林意愿影响因素［J］. 经济地理，2014，34（2）：131-138.

［162］刘玉兰，穆兴民，王飞，等. 黄土高原地区耕作制度区划探讨

［J］. 河南农业科学，2009（4）：59-64.

［163］罗文哲，蒋艳灵，王秀峰，等. 华北地下水超采区农户节水灌溉技术认知分析——以河北省张家口市沽源县为例［J］. 自然资源学报，2019，34（11）：2469-2480.

［164］罗小娟，冯淑怡，石晓平，等. 太湖流域农户环境友好型技术采纳行为及其环境和经济效应评价——以测土配方施肥技术为例［J］. 自然资源学报，2013，28（11）：1891-1902.

［165］马鹏红，黄贤金，于术桐，等. 江西省上饶县农户水土保持投资行为机理与实证模型［J］. 长江流域资源与环境，2004（6）：568-572.

［166］满明俊，周民良，李同昇. 技术推广主体多元化与农户采用新技术研究——基于陕、甘、宁的调查［J］. 科学管理研究，2011（3）：5.

［167］聂伟，王小璐. 人力资本、家庭禀赋与农民的城镇定居意愿——基于 CGSS2010 数据库资料分析［J］. 南京农业大学学报（社会科学版），2014，14（5）：53-61，119.

［168］潘丹，孔凡斌. 养殖户环境友好型畜禽粪便处理方式选择行为分析——以生猪养殖为例［J］. 中国农村经济，2015（9）：17-29.

［169］皮泓漪，张萌雪，夏建新. 基于农户受偿意愿的退耕还林生态补偿研究［J］. 生态与农村环境学报，2018，34（10）：903-909.

［170］乔丹，陆迁，徐涛，等. 信息渠道、学习能力与农户节水灌溉技术选择——基于民勤绿洲的调查研究［J］. 干旱区资源与环境，2017，31（2）：20-24.

［171］乔丹，陆迁，徐涛. 社会网络、推广服务与农户节水灌溉技术采用——以甘肃省民勤县为例［J］. 资源科学. 2017，39（3）：441-450.

［172］乔金杰，穆月英，赵旭强，等. 政府补贴对低碳农业技术采用的干预效应——基于山西和河北省农户调研数据［J］. 干旱区资源与环境，2016，30（4）：46-50.

［173］任林静，黎洁．陕西安康山区退耕户的复耕意愿及影响因素分析［J］．资源科学，2013，35（12）：2426-2433.

［174］任林静，黎洁．退耕还林政策交替期补偿到期农户复耕意愿研究［J］．中国人口·资源与环境，2017，227（11）：132-140.

［175］上官周平，刘国彬，李敏．黄土高原地区水土保持的发展与创新［J］．中国水土保持，2008（12）：34-36.

［176］沈茂英．论“退耕还林”工程实施过程中的农户自我发展问题［J］．农村经济，2000（7）：9-11，35.

［177］石洪景．农户采纳台湾农业技术行为及其影响因素分析——基于制度及其认知视角的分析［J］．湖南农业大学学报（社会科学版），2015，16（1）：25-30.

［178］苏岳静，胡瑞法，黄季焜，等．农民抗虫棉技术选择行为及其影响因素分析［J］．棉花学报，2004（5）：259-264.

［179］孙鸿烈．我国水土流失问题与防治对策［J］．中国水利，2011（6）：16.

［180］陶燕格，刘艳华，宋乃平，等．退耕还林对农户收益情况影响的对比分析——以宁夏回族自治区原州区为例［J］．干旱区资源与环境，2006（6）：36-42.

［181］田国英，陈亮．退耕还林政策对农户收入影响的实证分析［J］．经济问题，2007（3）：83-83.

［182］田慎重，王瑜，李娜，等．耕作方式和秸秆还田对华北地区农田土壤水稳性团聚体分布及稳定性的影响［J］．生态学报，2013，33（22）：7116-7124.

［183］田欣欣，薄存瑶，李丽，等．耕作措施对冬小麦田杂草生物多样性及产量的影响［J］．生态学报，2011，31（10）：2768-2775.

［184］童洪志，刘伟．政策工具对农户秸秆还田技术采纳行为的影响效

果分析［J］．科技管理研究，2018，38（4）：46-53.

［185］童洪志，刘伟．政策选择对农户保护性耕作技术采纳行为的动态影响分析［J］．科技管理研究，2018，38（18）：26-35.

［186］王兵，侯军岐，韩锁昌．退耕还林地区农户退耕意愿研究——对陕西省农户的实证研究［J］．林业经济问题，2007（2）：185-188.

［187］王兵，侯军岐．退耕还林前后农户收入结构比较［J］．安徽农业科学，2007，35（4）：1224-1233.

［188］王博文，姚顺波，李桦，等．黄土高原退耕还林前后农户农业生产效率DEA分析——以退耕还林示范县吴起县为例［J］．华南农业大学学报（社会科学版），2009，8（2）：51-57.

［189］王格玲，陆迁．社会网络影响农户技术采用倒U型关系的检验——以甘肃省民勤县节水灌溉技术采用为例［J］．农业技术经济，2015（10）：92-106.

［190］王海．农户信贷对盐碱地治理技术采纳行为影响的区域差异性分析——以垦利、镇赉和察布查尔3县468农户为例［J］．西南大学学报（自然科学版），2018，40（1）：126-134.

［191］王静，霍学喜．技术创新环境对苹果种植户技术认知影响研究［J］．农业技术经济，2014（1）：31-41.

［192］王庶，岳希明．退耕还林、非农就业与农民增收——基于21省面板数据的双重差分分析［J］．经济研究，2017，52（4）：106-119.

［193］王绪龙，张巨勇，张红．农户对可持续农业技术采用意愿分析［J］．生态经济，2008（6）：119-120，129.

［194］王一超，郝海广，翟瑞雪，等．农户退耕还林生态补偿预期及其影响因素——以哈巴湖自然保护区和六盘山自然保护区为例［J］．干旱区资源与环境，2017，31（8）：69-75.

［195］温仲明，杨勤科，焦峰，等．基于农户参与的退耕还林（草）动

态研究——以安塞县大南沟流域为例［J］．干旱地区农业研究，2002（2）：90-94.

［196］邬震，黄贤金，章波，等．江西红壤区农户水土保持行为机理——以兴国县为例［J］．南京大学学报（自然科学版），2004，2（3）：370-377.

［197］吴雪莲，张俊飚，何可，等．农户水稻秸秆还田技术采纳意愿及其驱动路径分析［J］．资源科学，2016，38（11）：2117-2126.

［198］吴玉锋．社会阶层、社会资本与我国城乡居民商业保险购买行为——基于 CGSS2015 的调查数据［J］．中国软科学，2018（6）：56-66.

［199］谢晋，蔡银莺．生计禀赋对农户参与农田保护补偿政策成效的影响——以成都 311 户乡村家庭为实证［J］．华中农业大学学报（社会科学版），2017（2）：116-125，135-136.

［200］谢先雄，李晓平，赵敏娟，等．资本禀赋如何影响牧民减畜——基于内蒙古 372 户牧民的实证考察［J］．资源科学，2018，40（9）：1730-1741.

［201］谢旭轩，张世秋，朱山涛．退耕还林对农户可持续生计的影响［J］．北京大学学报（自然科学版），2010，46（3）：457-464.

［202］新艳，杨晓莹，吕佳．劳动投入、土地规模与农户机械技术选择——观点解析及其政策含义［J］．农村经济，2016（6）：23-28.

［203］徐婵娟，陈儒，姜志德．外部冲击、风险偏好与农户低碳农业技术采用研究［J］．科技管理研究，2018，38（14）：248-257.

［204］徐建英，孔明，刘新新，等．生计资本对农户再参与退耕还林意愿的影响——以卧龙自然保护区为例［J］．生态学报，2017，37（18）：6205-6215.

［205］徐涛，赵敏娟，乔丹，等．外部性视角下的节水灌溉技术补偿标准核算：基于选择实验法［J］．自然资源学报，2018，33（7）：1116-1128.

［206］徐志刚，张骏逸，吕开宇．经营规模、地权期限与跨期农业技术采用——以秸秆直接还田为例［J］．中国农村经济，2018（3）：61-74.

［207］薛彩霞，黄玉祥，韩文霆．政府补贴、采用效果对农户节水灌溉技术持续采用行为的影响研究［J］．资源科学，2018，40（7）：1418-1428.

［208］严予若，郑棣，陆林．家庭禀赋对农户借贷途径影响的实证分析［J］．财经科学，2016（9）：100-111.

［209］羊绍武，黄金辉．退耕还林（还草）与农户利益的矛盾及其调整［J］．农业经济，2000（12）：14-15.

［210］杨飞，李爱宁，周翠萍，等．兼业程度、农业水资源短缺感知与农户节水技术采用行为——基于陕西省农户的调查数据［J］．节水灌溉，2019（5）：113-116.

［211］杨海娟，尹怀庭，刘兴昌．黄土高原丘陵沟壑区农户水土保持研究［J］．水土保持通报，2001（2）：75-78.

［212］杨婷，靳小怡．资源禀赋、社会保障对农民工土地处置意愿的影响——基于理性选择视角的分析［J］．中国农村观察，2015（4）：16-25，95.

［213］杨志海．老龄化、社会网络与农户绿色生产技术采纳行为——来自长江流域六省农户数据的验证［J］．中国农村观察，2018（4）：44-58.

［214］易福金，陈志颖．退耕还林对非农就业的影响分析［J］．中国软科学，2006（8）：31-40.

［215］于金娜，姚顺波．退耕还林对农户生产效率的影响——以吴起县为例［J］．林业经济问题，2009，29（5）：434-437.

［216］于术桐，黄贤金，邬震，等．红壤丘陵区农户水土保持投资行为研究——以江西省余江县为例［J］．水土保持通报，2007（2）：136-140.

［217］翟文侠，黄贤金．农户水土保持行为机理：研究进展与分析框架［J］．水土保持研究，2005（6）：112-116.

［218］翟文侠，黄贤金．应用 DEA 分析农户对退耕还林政策实施的响应［J］．长江流域资源与环境，2005，14（2）：198-203.

［219］翟文侠，黄贤金．政策改革的农户水土保持行为响应模型及预期效应分析［J］．水土保持研究，2004，11（5）：50-54.

［220］张朝华．资源禀赋、经营类别与家庭农场信贷获得［J］．财贸研究，2018，29（1）：76-85.

［221］张翠娥，李跃梅，李欢．资本禀赋与农民社会治理参与行为——基于 5 省 1599 户农户数据的实证分析［J］．中国农村观察，2016（1）：27-37，50.

［222］张慧利，李星光，夏显力．市场 VS 政府：什么力量影响了水土流失治理区农户水土保持措施的采纳？［J］．干旱区资源与环境，2019，33（12）：41-47.

［223］张童朝，颜廷武，何可，等．资本禀赋对农户绿色生产投资意愿的影响——以秸秆还田为例［J］．中国人口·资源与环境，2017，27（8）：78-89.

［224］张晓蕾，姚顺波．退耕还林对农户消费结构影响的实证研究——以陕北吴起县为例［J］．绿色中国，2008（2）：14-17.

［225］张郁，齐振宏，孟祥海，等．生态补偿政策情境下家庭资源禀赋对养猪户环境行为影响——基于湖北省 248 个专业养殖户（场）的调查研究［J］．农业经济问题，2017，36（6）：82-91，112.

［226］赵丽丽．农户采用可持续农业技术的影响因素分析及政策建议［J］．经济问题探索，2006（3）：87-90.

［227］赵肖柯，周波．种稻大户对农业新技术认知的影响因素分析——基于江西省 1077 户农户的调查［J］．中国农村观察，2012（4）：29-36，93.

［228］赵旭，王汉宁，李玲玲，等．保护性耕作对坡耕地粮豆草等高带

状种植作物生长与水土保持效果的影响［J］．干旱地区农业研究，2013，31（3）：7-12，30.

［229］赵雪雁．社会资本测量研究综述［J］．中国人口·资源与环境，2012，22（7）：127-133.

［230］甄静，郭斌，朱文清，等．退耕还林项目增收效果评估——基于六省区3329个农户的调查［J］．财贸研究，2011，22（4）：22-29.

［231］郑旭媛，王芳，应瑞瑶．农户禀赋约束、技术属性与农业技术选择偏向——基于不完全要素市场条件下的农户技术采用分析框架［J］．中国农村经济，2018（3）：105-122.

［232］中华人民共和国水利部．中国河流泥沙公报2018［R］．北京：中国水利水电出版社，2018.

［233］钟太洋，黄贤金，马其芳．区域兼业农户水土保持行为特征及决策模型研究［J］．水土保持通报，2005（6）：96-100.

［234］周升强，赵凯．禁牧政策、资本禀赋与农牧民继续从事牧业生产意愿研究［J］．干旱区资源与环境，2020，34（1）：42-48.

［235］周圣坤，李小云，王海民．奶农技术采用行为的实证研究——郑州和青岛的案例［J］．农业技术经济，2003（5）：22-27.

［236］朱兰兰，蔡银莺．农户家庭生计禀赋对农地流转的影响——以湖北省不同类型功能区为例［J］．自然资源学报，2016（9）：14.

后　记

西北农林科技大学经济管理学院在农业产业经济、农村金融、资源经济与环境管理、乡村治理与乡村振兴等领域形成相对稳定的特色与优势研究领域。围绕粮食安全、新农村建设等战略问题，研究农业现代化道路等重大理论及其支撑体系建设问题，探索破解西部“三农”问题的理论体系和政策模式；围绕种植业、林果业、畜牧业等区域特色和优势产业，研究西部农业产业结构转换、产业升级理论模式，探索促进特色、优势农业产业持续发展，提升其竞争力的产业政策；围绕资源退化、生态污染等环境问题，研究西部地区生态修复工程监测与评价体系，探索资源开发与保护的利益博弈与生态补偿机制。

本书的研究重点为西北农林科技大学经济管理学院姜志德教授承担的科技部国家重点研发技术课题“不同类型生态技术识别、演化过程与评价”（2016YFC0503703）的部分成果，主要涉及农户水土保持技术的采用。黄土高原是典型的生态退化区，水土流失问题严峻，在这些地区推广水土保持技术是实现生态恢复和重建的主要途径，也是实现当地可持续经济社会发展的有效途径。在大力推进生态文明建设背景下，研究黄土高原区农户的水土保持技术的采用行为，对于政府制定及实施有效的激励政策，促使农民在技术采用过程中同时注重农业发展和环境保护的双重目标，加快传统农业生产方式的转变，实现农业可持续发展和生态文明建设具有重大的理论价值与实践意义。本书基于计划行为理论，建立了“技术认知—采用意愿—采用决策—

效果分析”的农户水土保持技术采用分析框架，在此基础上研究资源禀赋对农户水土保持技术采用行为的影响，为农户技术采用研究提供较好的研究思路。同时农户在水土流失治理中的行为存在一些共性，可为其他水土流失区提供借鉴。

本书通过对计划行为理论、公共物品理论、农户行为理论等进行梳理，推导农户水土保持技术采用的影响机理；基于2019年1月至3月对黄土高原山西省、陕西省和甘肃省三省6个县的农户的实地调研数据，综合运用因子分析、熵值法、多元线性回归、Logit模型、有序Probit模型、Heckman样本选择模型等多种实证分析方法，从微观角度研究生态文明内建设背景下资源禀赋对农户水土保持技术的认知、采用意愿、采用决策及效果分析，旨在把握农户水土保持技术的采用特征、影响因素；并据此提出促进农户在水土流失治理中采用相应技术的相关政策建议。

本书以我国微观农户为研究视角，围绕农户水土保持技术采用及其效果问题进行了全面拓展与系统分析。将农户资源禀赋纳入农户技术采用理论模型，揭示农业发展方式转变下的农户水土保持技术采用影响机理。一方面研究经济资源禀赋、自然资源禀赋和社会资源禀赋对农户行为的影响，另一方面根据农户资源禀赋特征对农户进行分类，探讨不同类型农户的技术采用差异。突破以往研究中仅将资源禀赋作为影响农户行为的因素的限制，更好地展现不同类型农户水土保持技术采用的差异。水土保持技术更多地涉及农业生产决策，农户可以根据其自身情况进行技术选择和采用。选择农户主动采用的三项水土保持技术（等高耕作、深松耕、秸秆还田）进行讨论。已有的对农户的水土保持技术采用研究中，往往将工程措施（治坡、治沟、治沙、水利工程）、生物措施（植树、种草）和耕作措施一并进行讨论，而现实中水土保持工程措施和生物措施往往是政府进行投入（如修建谷坊、退耕还林等），农户只是被动参与其中，不能主动选择，分析农户水土保持技术的采用，更加符合技术采用理论。水土保持技术是由多项技术共同构成的技术体系，农户在采用时往往不是简单的是否采用的问题，还涉及如果采用水土保持技术，是采用的哪一项或哪几项技术。突破以往多数研究采用 0-1 变量分析技术采用决策的方法，利用 Heckman 样本选择模型来分析农户采用水土保持技术的决策，包含两个过程：一是农户是否采用水土保持技术；二是采用了哪几项技术，采用程度如何。更符合现实中农户的技术采用行为，同时为农技部门提供技术推广和培训提供了依据。

本书是我在博士学位论文的基础上撰写而成，姜志德教授给予了我指导。感谢西北农林科技大学姜志德教授研究团队成员的辛勤工作，特别感谢西北农林科技大学经济管理学院的白秀广副教授、山西师范大学经济与管理学院的郜秀军教授、西安外国语大学的郭清卉博士和王恒博士、山东农业大学的周升强博士，感谢山西师范大学经济与管理学院各位同仁的支持与关心。

由于水平有限，书中不妥之处在所难免，恳请读者批评指正。

刘　丽

2022 年 4 月 23 日